Designer's

handmade bags

Designer's

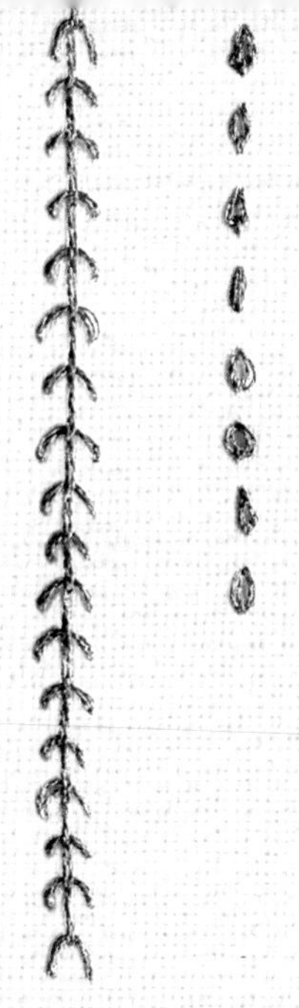

handmade bags

Designer's

handmade bags

設計師の私房手作布包

動物　女孩　花朵　仿皮

4大超人氣主題一次收錄！

拼布包
也能
這麼作！

台灣羽織創辦人楊欣萍小姐設計日式先染布已有多年，因業務需求成立了「台灣羽織創意美學有限公司」，於 2007 年成立 Haori 品牌，以設計先染布為主，並陸續開發新布種及週邊商品，將先染布應用於各種商品，創造不同於一般市面上的拼布商品。

「台灣羽織創意美學」是用我們的傳統，結合日式先染布來訴說我們文化的多元性，在此機緣共同寫下我們的亙古故事，同時不失其原來的風貌，於 2008 年 4 月成立「台灣羽織創意美學有限公司」。

每次遊藝拼布時，總想要有些東西是屬於我們自己的，且能隨著我們的腳步將 made in Taiwan 活躍於世界的每個角落，想著想著，終於起而行了，與設計師篩選了幾款典雅的款式向國際拼布的舞台啟航。

盼望不久的將來，我們的軟實力將引領台灣走上國際拼布舞台且屹立不搖，就期待您我共同的努力！使台灣的拼布設計作品成為國際拼布展的主流。

羽織り
HAORI
気持ちを大切にしているあなたに

台灣羽織創意美學有限公司

Patchwork

CONTENTS

甜蜜女孩の手作小屋
Girls Sweet House

布包時尚城市印象
Handmade of Fashion City

技法小教室
Patchwork Lesson

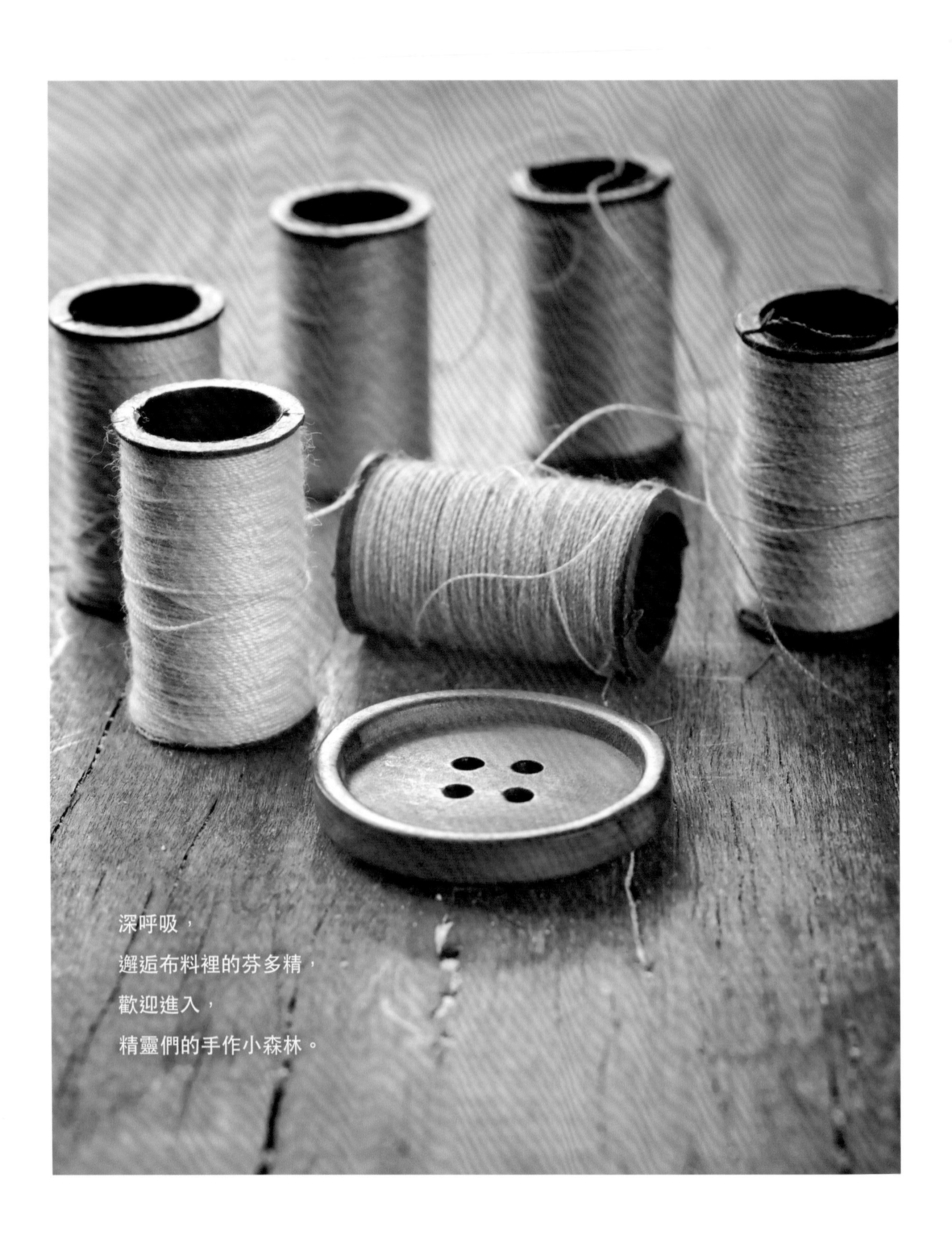
深呼吸，
邂逅布料裡的芬多精，
歡迎進入，
精靈們的手作小森林。

Genie in the Forest
森林裡の精靈
Theme.1

Genie in

踏入拼布這個領域，是因姊姊去報名手作課程，卻沒時間去上課，而由我來替代，就在這個機緣下我踏入了拼布的花花世界。

在家人的支持下，讓我可以到處拜師學藝，結交到不少同好，互換心得，讓我在創作上更有靈感。

最喜歡和學員在溫馨的環境下享受手作的幸福，創作出從無到有的感動，賦予每件作品專屬的故事。

周秀惠

資歷

1999 年 接觸拼布
2000 年 至 2003 年 取得日本手藝普及協會證書
2001 年 成立「秀惠拼布工房」
2002 年 任職於雲林縣社區大學北港、麥寮、虎尾、西螺教學中心迄今
2012 年 社區大學暨社區學習組織優質課程徵選為「特優課程」獎

秀惠拼布工房
雲林縣北港鎮武德街 23 號
TEL 05-7732099
FACEBOOK 請搜尋「周秀惠」

設計概念

此次設計作品的靈感，來自於生活周邊的事物，將小豬、小貓帶著走，像是置身在「雲林、北港」的小村落裡，平實又自在。

拼布是一種化零為整的藝術，需要將不同的布料、元素加入作品裡，讓每個作品具有不一樣的意義。取於當地的宗教文化，是我目前最愛的創作元素，對於拼布裡的各個技法，沒有不喜歡的，因為每一個技巧都是拼布裡最好的武器，也因為有這些武器，讓我創造出手作無限的感動。

the Forest

貓頭鷹寶寶是森林裡的小小守護者，
照看著精靈們的每一天。

貓頭鷹口金包

how to make P.78至P.79

↘紙型A面

噗噗豬永遠只有一號表情，其實他每天都吃得很開心。

噗噗豬公事包 & 豬足（知足）鑰匙包

how to make P.80至P.82　↘紙型A面

Theme1

森林裡の精靈

C

貓咪肩背包

how to make P.83至P.85

↘ 紙型 B 面

舒服地臥在橡木桶上，
曬曬太陽，
是小貓咪午后偷閒的最好時光。

隱身在森林裡的教堂，
不時傳出輕柔音樂，
門外還散發著淡淡的怡人花香。

d

教堂之窗斜背包

how to make P.86至P.88

↘紙型A面

沿著林間小徑，
發現一幢可愛的迷你屋，
精靈們是不是都住在裡面呢？

小屋腰側斜背包

how to make P.89至P.91

↘ 紙型 A 面

調皮的小精靈，捉迷藏時，總愛躲在木紋裡，
猜猜他在哪一格呢？

格紋精靈圓滿包

how to make P.92至P.93

↘紙型A面

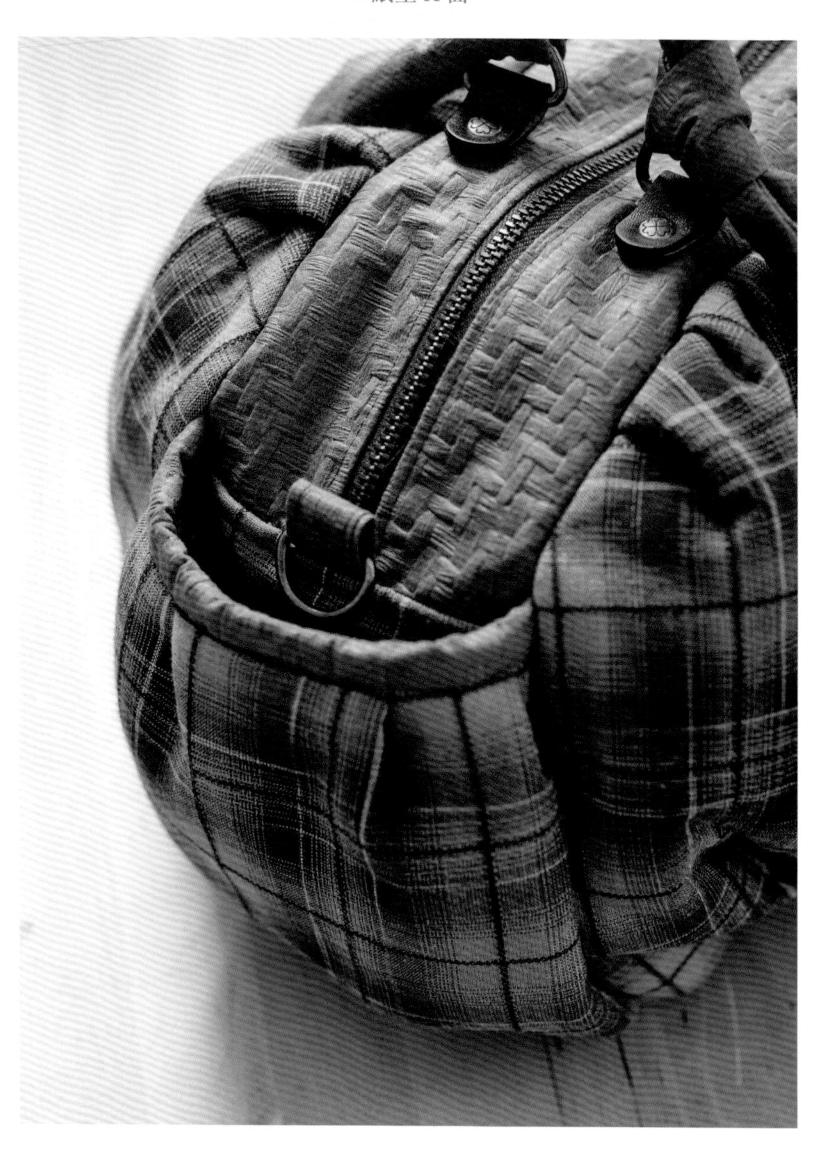

循著花叢間的祕密腳印，
不小心發現了，
一片拼布風景，
噓！聽說仙子走過這裡……

格紋精靈圓滿包

how to make P.92至P.93

↘紙型A面

Theme1

森林裡の精靈

循著花叢間的祕密腳印，
不小心發現了，
一片拼布風景，
噓！聽說仙子走過這裡……

尋找
Looking for the fairy
花叢間の仙子
Theme.2

Looking for

現為喬敏拼布工作室負責人，工作室至今將邁入第十七個年頭，位於屏東這個緩慢步調的小城市，不疾不徐、天馬行空地進行喜愛的拼布創作，又能不被現實生活所淘汰，一切都是拜窩居在小小城市之賜，也深深覺得自己是幸福的手作人。

資歷

東方設計學院
日本通信社拼布指導員結業
日本余暇協會機縫指導員結業
日本小蒼緞帶繡講師結業
2002 年 7 月及 2006 年 12 月於屏東縣文化中心展出
2009 及 2010 年韓國首爾 SIQF 拼布邀請展
2010 年作品「微風小徑」獲美國休士頓 IQA 拼布入選展出
2011 年韓國 Corea Quilt Associate 拼布邀請展
2011 年大陸深圳文博會國際拼布邀請展
2012 年 9 月於高雄市文化中心至高館展出
2012 年 12 月至 2013 年 1 月於屏東市文化局展出
2013 年作品「夏荷」獲美國休士頓 IQA 拼布入選展出

喬敏拼布工作室
地址 屏東市濟南街 1 之 30 號
TEL 08-7373984
FACEBOOK 請搜尋「聞其珍」

聞其珍

設計概念

此次系列作品是以花卉為設計靈感製作，一直非常喜愛花卉，所以常將此元素設計於作品中，運用貼縫、拼接或刺繡，完成十分具有視覺效果的拼布包。

the fairy

g

太陽花手提袋

how to make P.94至P.95

↘紙型B面・C面

給人正向力量的太陽花，
每天都朝氣蓬勃，
像是在說：今天也要加油喲！

同款設計的口金包組合，
你更喜歡哪一個顏色呢？

太陽花口金包

↘ 紙型 B 面

凌波仙子用她的魔法棒，為花園裡的香草們，
捎來一年四季的幸福信息。

凌波仙子肩背袋

how to make P.96至P.97

↘ 紙型D面

j

瑪格麗特側背包

how to make P.98至P.99

↘紙型D面

瑪格麗特小花，穿著女孩最愛的夢幻紫衣裳，
悄悄施展她的戀愛小魔法。

綴著花的刺繡口金包，宛如一個溫暖的微笑。
快樂不需要魔法，就能讓人勇敢向前！

同款的迷你口金，模樣超可愛！

k
刺繡口金手拿包

how to make P.108

↘紙型C面

1

MOLA 魔法化妝包

how to make P.100至P.101

↘ 紙型 C 面

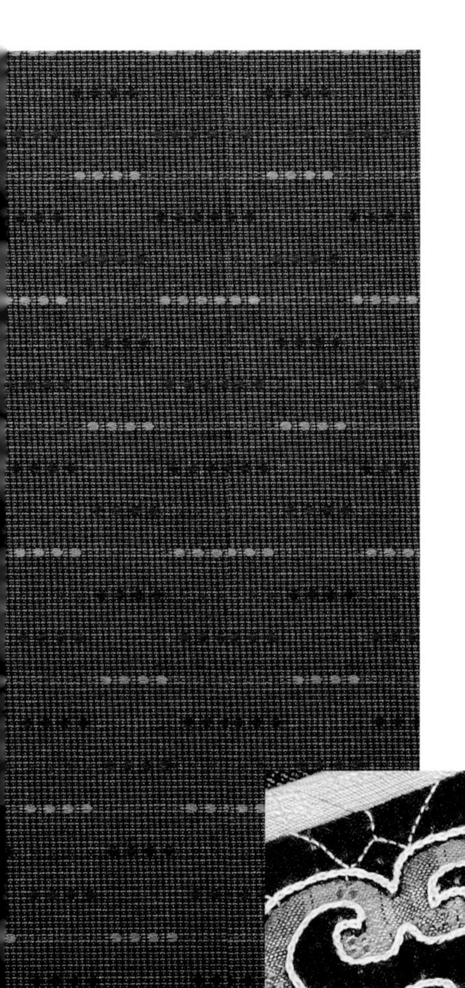

一層一層的花瓣，
交織著仙子們的美好回憶，
露珠是最動人的歡欣淚滴。

Theme2

尋找花叢間の仙子

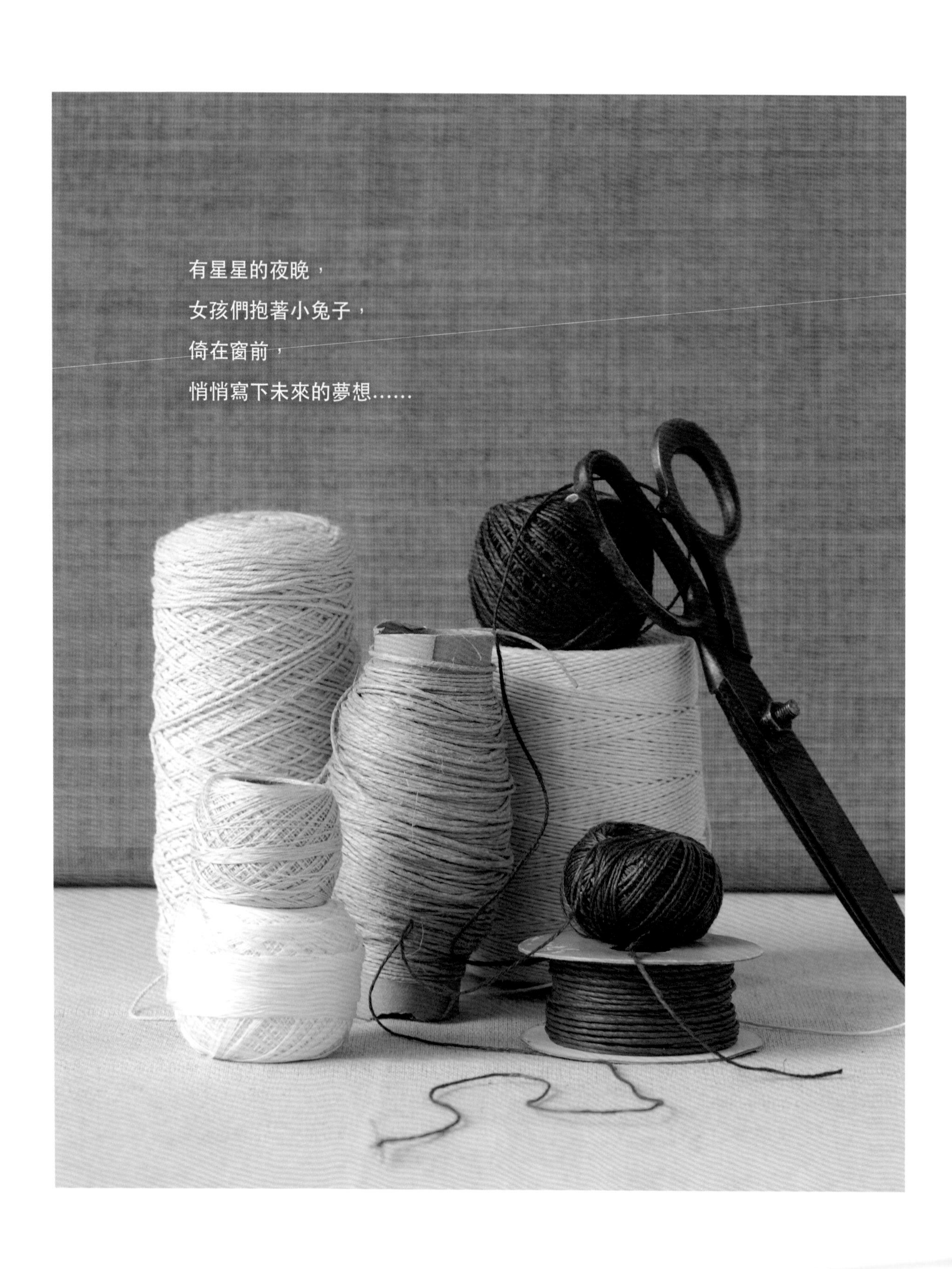
有星星的夜晚，
女孩們抱著小兔子，
倚在窗前，
悄悄寫下未來的夢想……

Theme.3

Girls Sweet

也許因天份，也許是興趣，我一直著迷於手工藝術，紙黏土、麵包花皆有涉獵，但自接觸拼布之後，就被它的活潑與生動而深深的吸引，情不自禁地闖進了拼布的世界，也因為對拼布的熱情與執著，從一針一線扎實的基本功學起。

拼布是一種普遍且平民化的手工技藝，藉由幾片碎布，透過一些縫接技巧，就可以拼接出一幅絢爛的圖案，甚至能夠創作出極具個性化的隨身小物，獨特及唯一性為其特質，即使運用同樣的素材，每個人完成的作品也將是獨一無二，這正是拼布引人入勝之處。

2000 年寶甄藝術拼布坊在純樸的台灣雲林落腳，只因對這片土地與文化的情感，透過一針一線的傳統女紅技藝，結合現代美學概念的傳達，建立起有善的人、有善的生活、有善的環境三者間的新關係。

蔡梅珍

| 資歷 |

2000 年至 2003 年
先後完成日本文部省認可手藝普及協會本科、高等科、講師認證
2006 年取得最高等級指導員認證

寶甄拼布教室
05-6322698
雲林縣虎尾鎮德興路 22-8 號
Blog http://blog.xuite.net/baujen648/twblog

| 設計概念 |

藉由書中作品袋型的設計及多樣性，展現拼布的異想面向，以甜美女孩與兔子為主角，使布包有了自己的生命力，從布片的長 × 寬為起點，展現手作的全新風貌。

House

喜愛拼布的女孩，有一頭美麗的長頭髮，
閒暇時就作夢，編織自己的幸福童話。

m

長髮女孩雙層手拿包

how to make P.102至P.103

↘紙型B面

女孩喜歡在窗台和她的仙人掌對話，
有時聊聊心事，有時不發一語，只是發呆而已。

n
仙人掌小女孩提包

how to make P.104至P.105

↘紙型B面

祈願天使手提包

how to make P.106至P.107

↘紙型C面

對著夜裡的星星許願吧！
請把我的想念，
傳遞到他的心裡。

p

圍巾女孩提包

how to make P.109

↘紙型C面

圍上親手編織的新圍巾，
今年的冬天，
好像特別溫暖呢！

將微笑掛在嘴邊，
時時刻刻保持樂觀，
好運也會常伴左右喲！

q
微笑女孩手提包

how to make P.110至P.111

↘紙型C面

女孩最愛的蝴蝶結，在包包上面飛舞著，
背著它出門逛街，天天都有好心情！

r

蝴蝶女孩側背包

how to make P.112至P.113

↘紙型B面

女孩的寵物兔，
最喜歡在籬笆前跳舞，
森巴、佛朗明哥、探戈……
這些都難不倒牠！

S

田園兔寶側背包

how to make P.114 至 P.115

↘紙型B面

u
t

笑笑兔寶吊飾

how to make P.116

↘紙型 B 面

可愛的笑笑兔，
每天都笑嘻嘻，
因為牠相信：每天笑嘻嘻，每天都會很幸運！

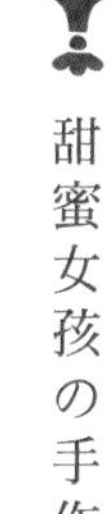

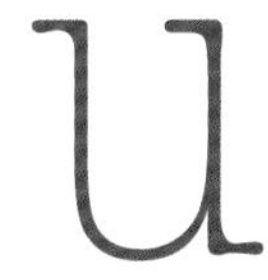

俏皮兔寶手機袋

how to make P.117

↘紙型 B 面

兔寶每天都會打電話，
聽牠的好麻吉笑笑兔講笑話，
「胡蘿蔔是害羞的菜頭」
這是兔子界流行的冷笑話啦！

揹起率性，
追求突破，
在不同的城市漫遊，
我的時尚也如影隨形。

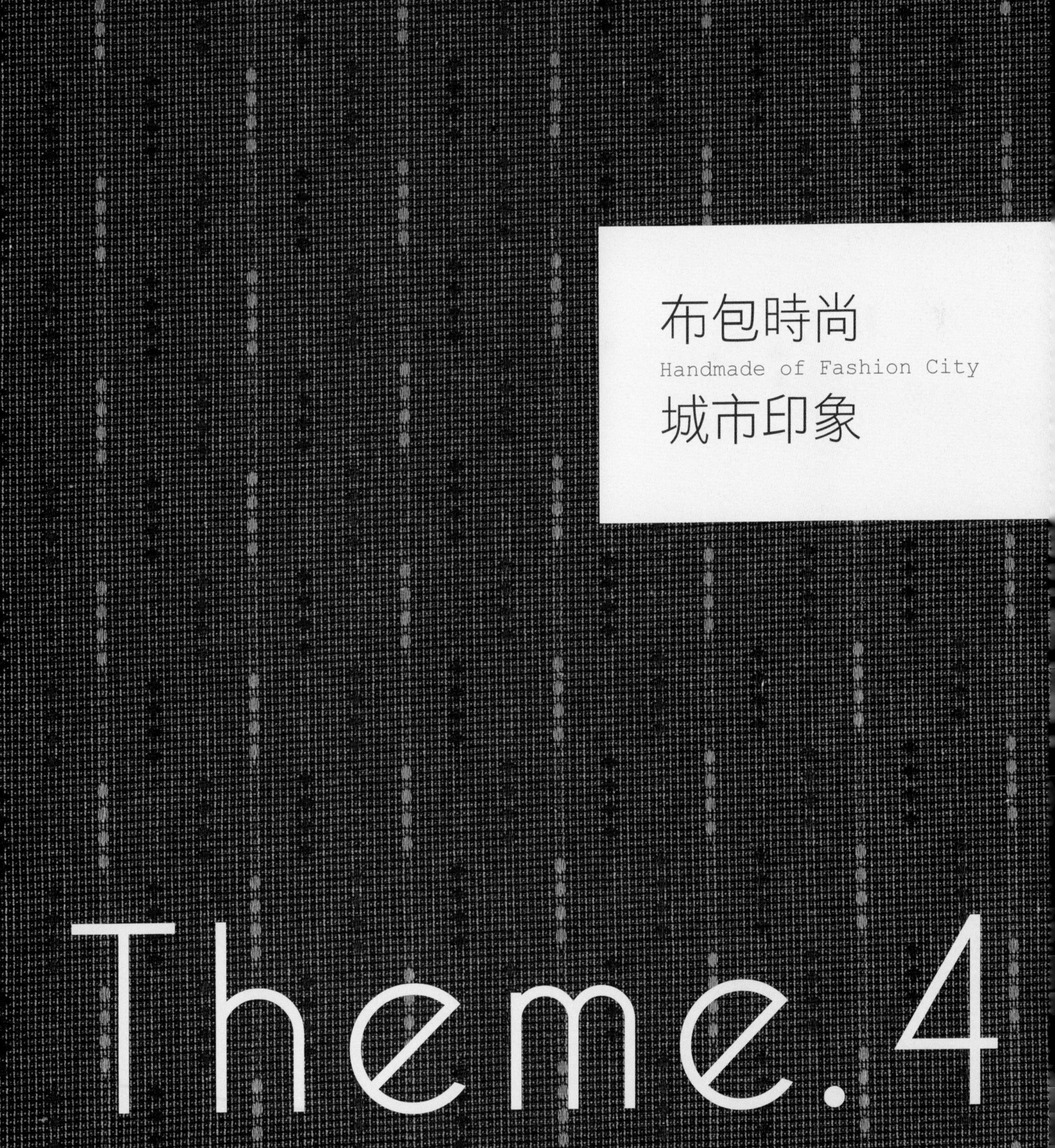

布包時尚
Handmade of Fashion City
城市印象

Theme.4

Handmade of

現為侯老師拼布工作室負責人，「侯老師」這小名是自 25 年前於台南救國團教「流行傢飾」後就一直被這樣稱呼著，而我也一直珍惜這個稱號至今。常被問道：「老師，妳怎麼會那麼年輕就教才藝了？」這全是感謝家人的寵愛及支持，才讓我可以任性地作自己喜愛的工作──拼布藝術、袋物創作。

「深不可測，妙不可言」是我對拼布愛不釋手的原因。每當完成一件作品，心中就有萬分喜悅，又或許這般的快樂，才促使我一直迷戀這門藝術創造。常參加國內舉辦的才藝課程，接觸更多元的技術洗禮，也是設計自我的修行，心中常期許著：「只要還有『舞台』在，拼布藝術的教學，我一定會一直作到永遠。

侯玥嬙

資歷

1992 年 台南市救國團任流行傢飾老師。
1993 年 2002 年至 2013 年間任台南市婦女會，國中、國小社區團體等，才藝課程講師。
1994 年 台灣第一屆手縫講師。
1995 年 台灣第一屆手縫指導員。
1995 年 任職台灣喜佳台南店才藝主任。
2000 年 成立侯老師拼布教室。

侯老師拼布工作室
地址　台南市佳里區新生路 57 號
TEL 06-7216833
FACEBOOK 請搜尋「侯教主」

設計概念

第一次看到羽織提供的皮革系列布卡時，就覺得它們是那麼的特別：「應該可以製作出與眾不同的佳作吧！」但又不想只將其表現於時尚袋物，於是先與布料認識──當它們的好朋友！運用不同的材質展現不一樣的技巧，將素材特色藉由配色、貼布、挖空、刺繡，再加上自由曲線，完成令人愛不釋手的完美袋物。實用性及功能更是考量元素，創造者希望被認同，面面俱到是我的目標。

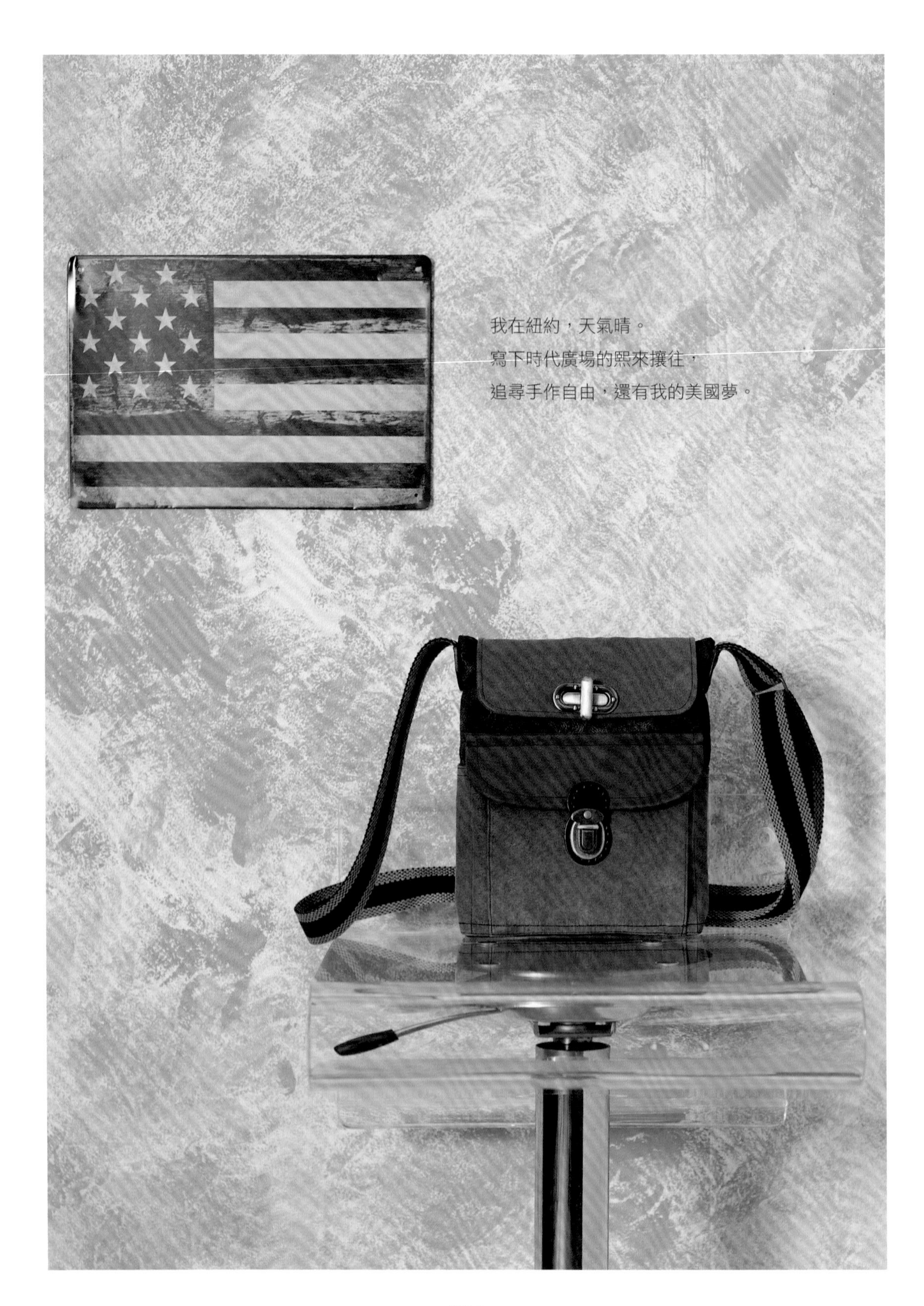

我在紐約，天氣晴。
寫下時代廣場的熙來攘往，
追尋手作自由，還有我的美國夢。

V

紐約風尚 IP 袋

how to make P.118至P.119

↘ 紙型 C 面

I P：可裝入 i phone 與 i pad 的功能性用包

W

羅馬漫遊
多功能雙層袋

how to make P.120至P.122

↘ 紙型 C 面

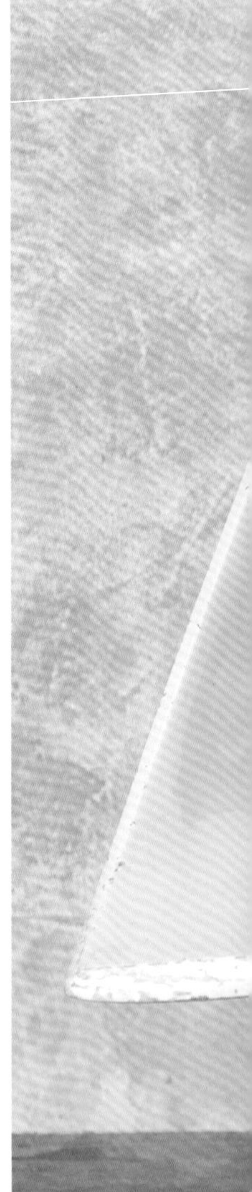

我在羅馬許願池前，
擲下一枚錢幣，
「希望明年能和她再來旅行啊！」
這是我與這個城市的浪漫約定。

成群的蝴蝶，
在袋子上跳著圓舞曲，
像是預言著一場
讓人心動的跨國戀情，就要開始……

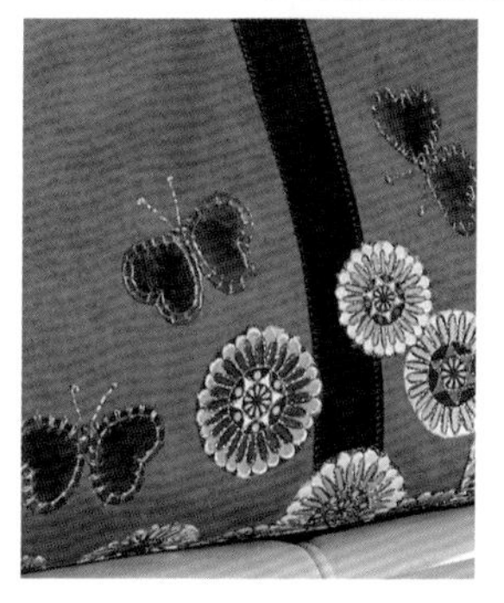

彩蝶圓舞時尚包

*how to make P.123*至*P.124*

↘紙型D面

我在小餐館品嚐紅酒，
回味與你共度的時光，
對著夢想舉杯，
享受一個人的法國旅行。

勃艮第戀曲肩背包

how to make P.125 至 *P.126*

↘ 紙型 D 面

Z

維納斯的
玫瑰時尚包

how to make P.127至P.129

↘ 紙型D面

我的包包，繫著維納斯最愛的玫瑰。
她安靜地哼著旋律，聽愛琴海歌頌想念。

How to make
達人教作

本書作法材料縫份說明：

＊ P.78 至 P.117 未含縫份，讀者請依個人習慣外加 0.7cm 或 1cm。

＊ P.118 至 P.129 皆含縫份 1cm。

本書紙型使用說明：

＊紙型皆未含縫份，讀者請依個人習慣外加 0.7cm 或 1cm。

＊製作時，請影印紙型再描下圖案，請勿直接剪下使用。

Theme.5

Tools

基本工具

技·法·小·教·室

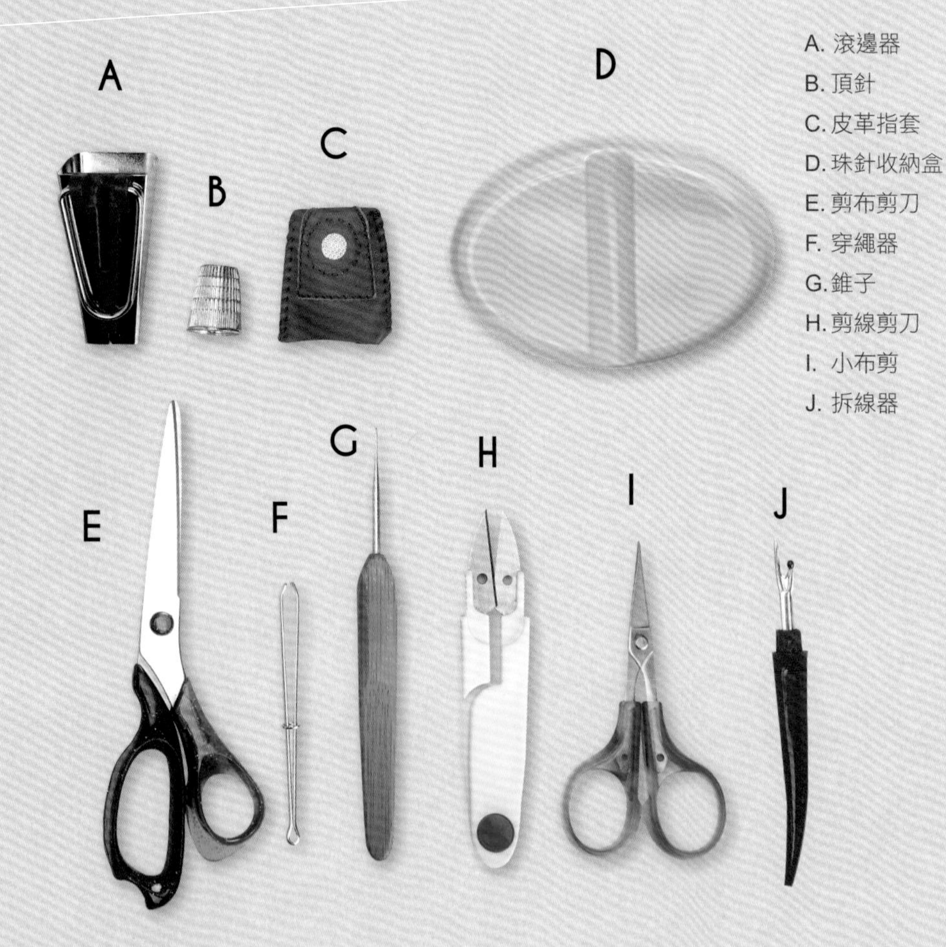

A. 滾邊器
B. 頂針
C. 皮革指套
D. 珠針收納盒
E. 剪布剪刀
F. 穿繩器
G. 錐子
H. 剪線剪刀
I. 小布剪
J. 拆線器

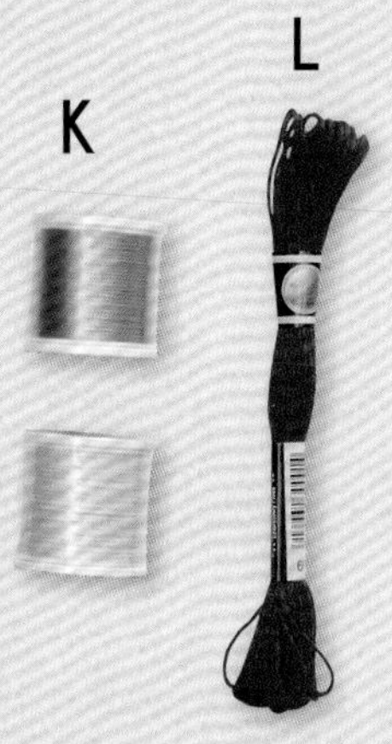

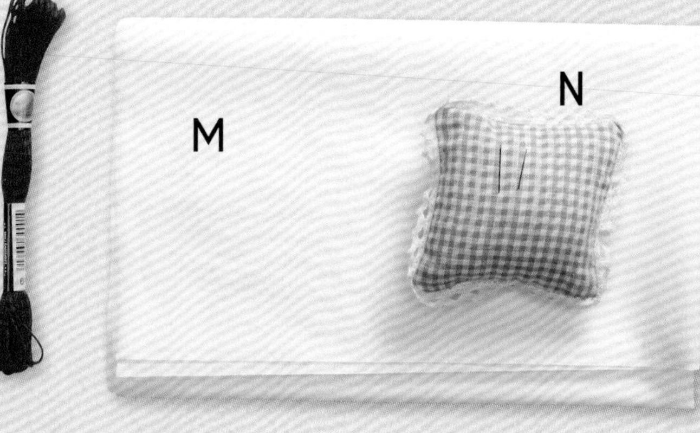

O

K. 車線
L. 繡線
M.布襯
N. 針插
O.裁刀
P. 縫紉機

Lesson.1

貼布縫

技·法·小·教·室

作法示範／蔡梅珍老師

1 將圖案描在塑膠板上。

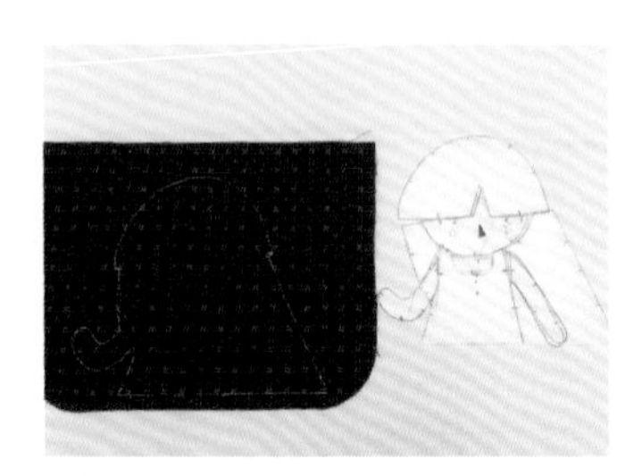

2 將畫好的圖形一片一片剪下，在表布上描上圖形。

3 將每片紙型畫在布上。

4 畫好每片紙型，剪下備用。外圍縫份留 0.3 至 0.4cm。

5 依順序將每片貼布縫要縫的地方，先以指甲往內摺，再以珠針固定。

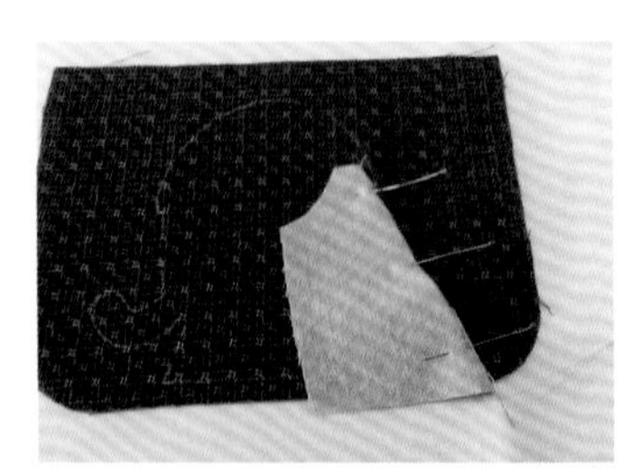

6 先縫右手邊這片頭髮，由下往上縫，盡量線對線貼縫。

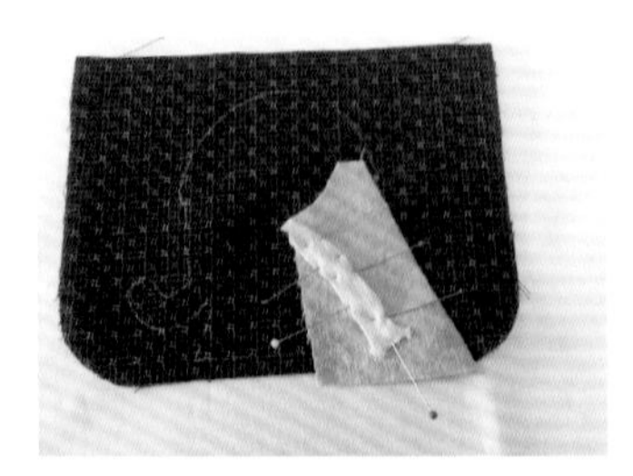

7 再縫右手，依序再往下縫。

8 左邊頭髮也請盡量線對線貼縫。

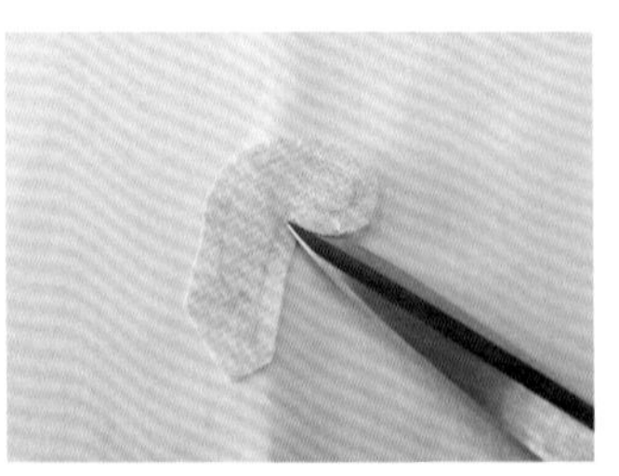

9 弧度處剪牙口。

10 完成另一隻手。

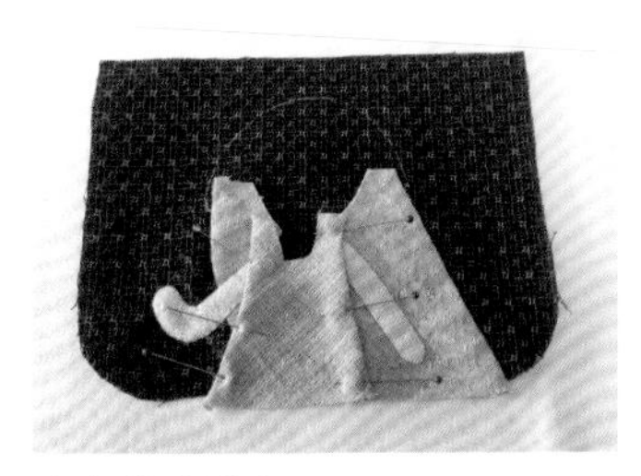

11 接著縫衣服。

12 弧度處剪牙口。

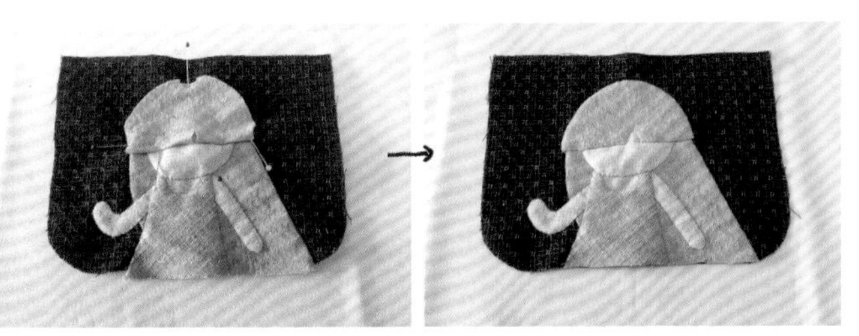

13 製作胸口、臉部，並縫上頭髮。

14 貼布完成後，鋪棉壓線。

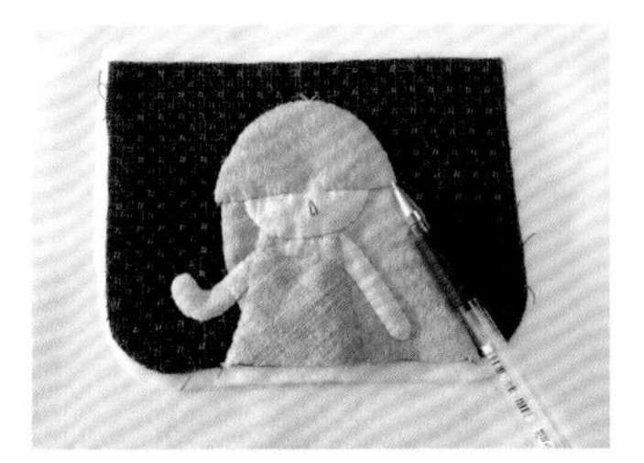

15 以油性筆畫上眼睛、鼻子、腮紅。

16 完成囉！

Lesson.2

MOLA 技法

技·法·小·教·室

作法示範／侯玥嬌 老師

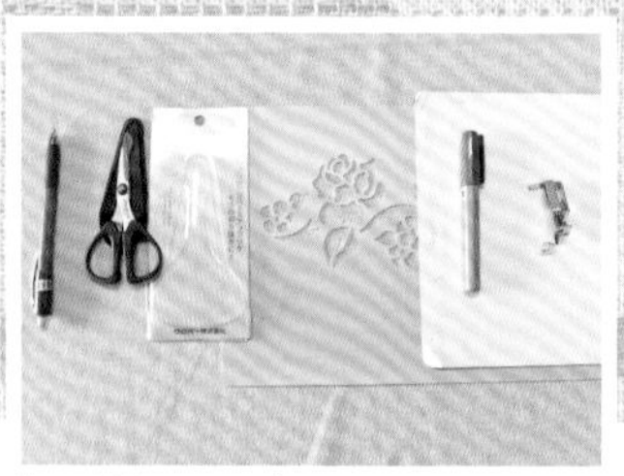

準備工具 TOOLS

墨西哥筆、貼布繡專用剪刀、模型版、布料專用口紅膠、曲線專用壓布腳

1 將選定的圖形模型版，以墨西哥筆描繪於布料上。

2 完成如圖。

3 以貼布繡專用剪刀依畫好的圖形，沿線小心裁剪。

4 剪好如圖。

5 布的背後（圖案四周），以布料專用口紅膠塗抹約0.2cm 的寬度。

6 再於背面貼上所需布料。

7 貼好後檢查正、反面布料，位置是否貼正。

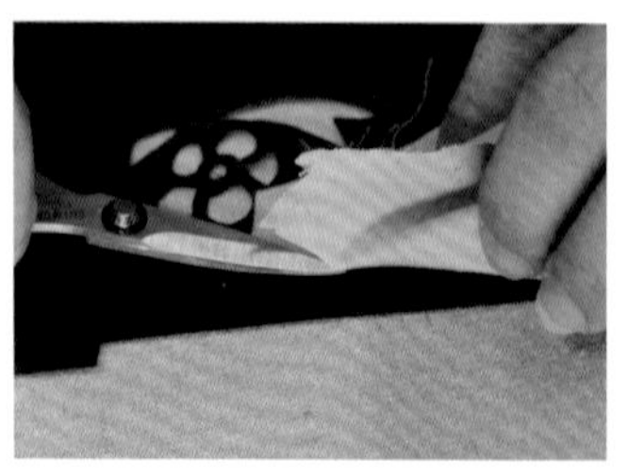

8 翻回背面裁剪多餘布料，就可省去以紙型畫在布料上，再一一剪下所有布片的麻煩。

9 由小面積的圖形先貼布料。

10 最後再貼大面積的圖形。

11 以縫紉機車縫固定，固定前需挑選與手染布或與表布顏色相似的色線，這樣貼布圖形才能更明顯且更加固定。

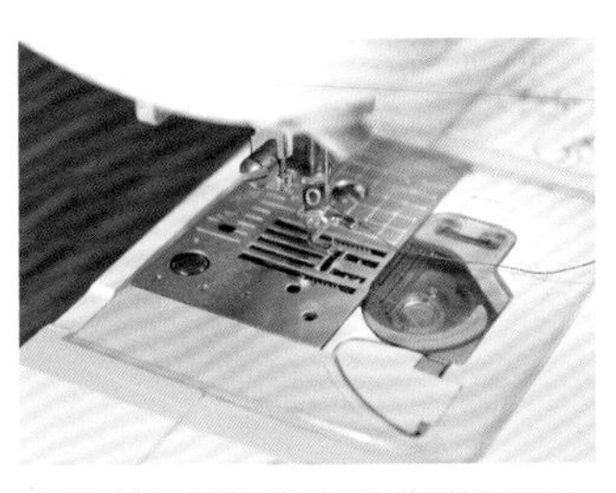
12 縫紉機請換上曲線專用壓布腳，縫紉機下的送布齒，記得要放下。若無放下，則會傷到布料。

13 車縫前，表布下方請鋪上安定紙。

安定紙的作用：

可使車縫過程布料推送較為順暢，表布也較為平整。

14 沿著圖形邊緣車縫。

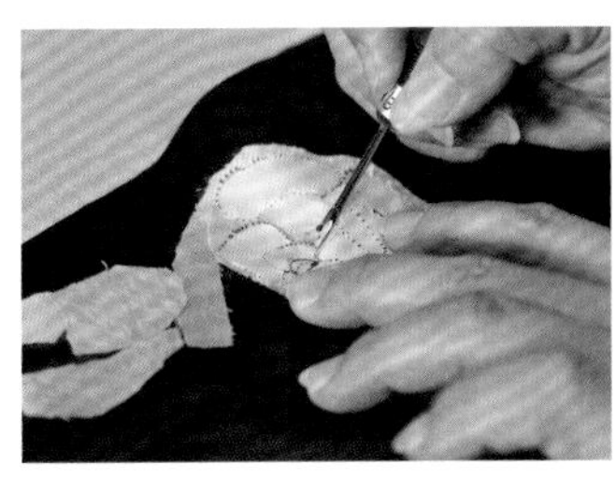
15 小心翼翼地以拆線器將安定紙取下。

16 車好固定線後，翻回背面，以拆線器先刮過安定紙上的線跡，才能安全地撕下安定紙喔！

Lesson.3

教堂之窗技法

技·法·小·教·室

作法示範／周秀惠老師

準備工具 TOOLS

軌道襯（可增加其挺度），

尺寸：品番 10-20-10 S 。

1 以尺與布採 45 度角，使用水消筆畫出間距 4cm 的線條。

2 畫線。

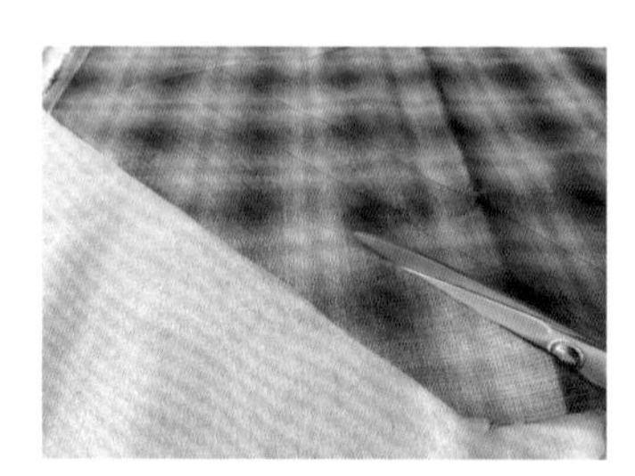

3 裁布。

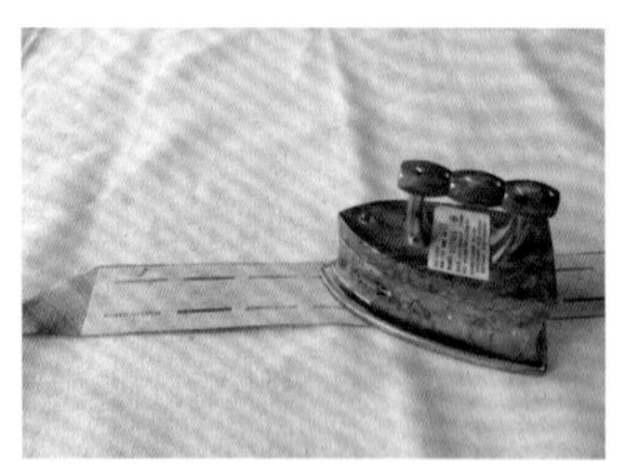

4 將軌道襯燙至斜布條上。

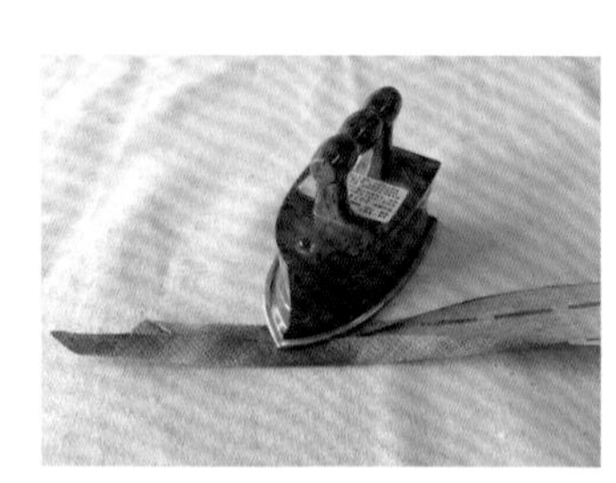

5 取其兩邊對稱摺起，將布再燙平，準備數條。

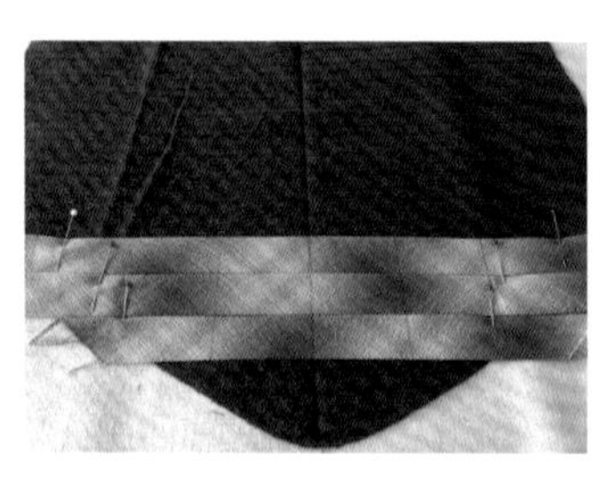

6 將燙好的斜布條，直接放在底布上（所需的布上），排滿底布後，再畫上間隔 4cm 的直線，再車縫直線完成。

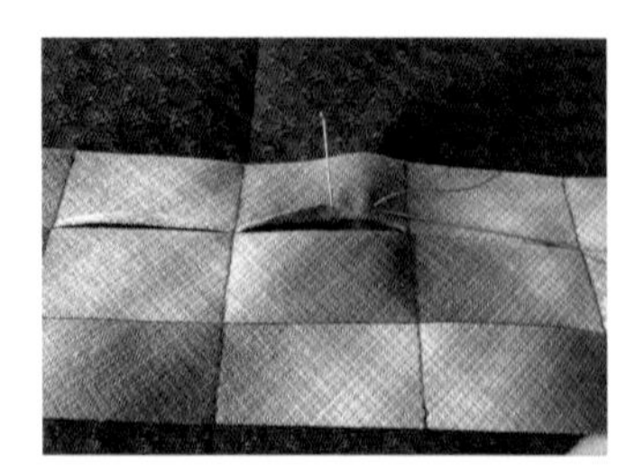

7 再翻開每一條縫隙，以珠針固定後，將翻開的邊緣以藏針縫縫合。

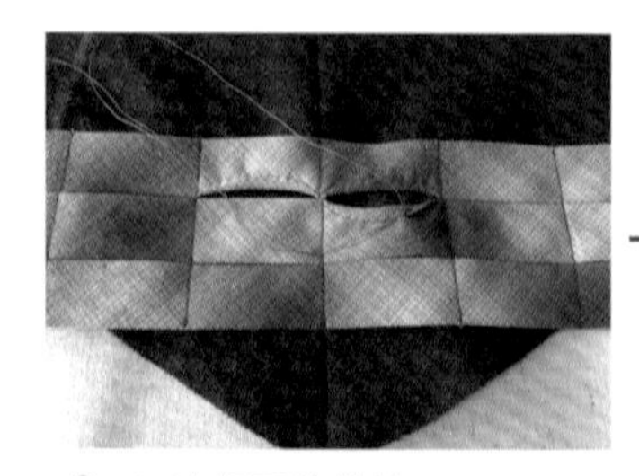

→

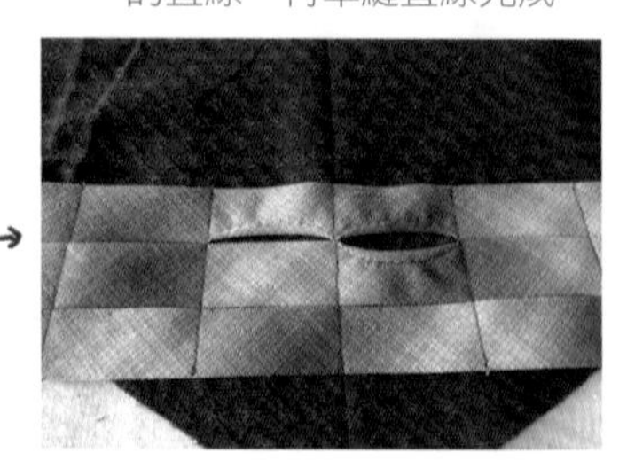

8 每格都要藏針縫。

P.10

貓頭鷹口金包

紙型A面

材料

- 表布5款（A、B、C、D、G）各1尺
- 配色布2色（E、F）少許
- 鋪棉
- 厚襯
- 裡布
- 口金26.5cm
- 裡布拉鍊16cm 1條

HOW TO MAKE

外加縫份1cm，如有特別標示「已含縫份」字樣除外。

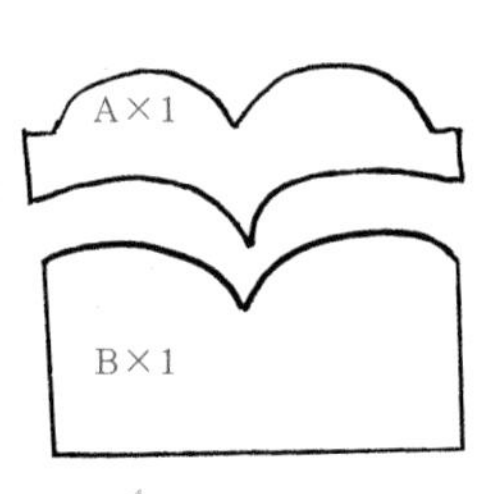

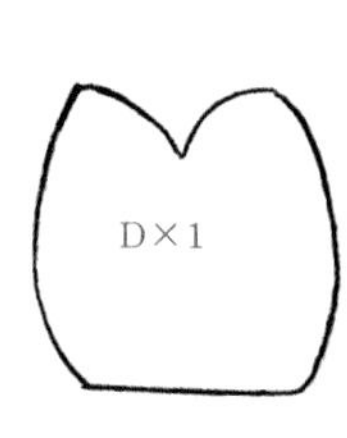

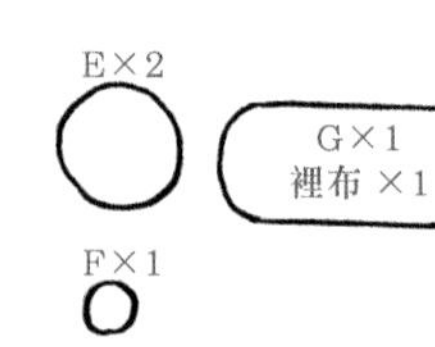

1 依紙型裁布。

2 將D貼縫到B上。

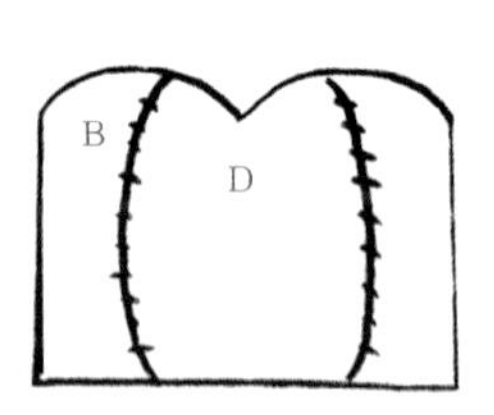

3 A、B拼接，再將E、F貼縫到前片上。

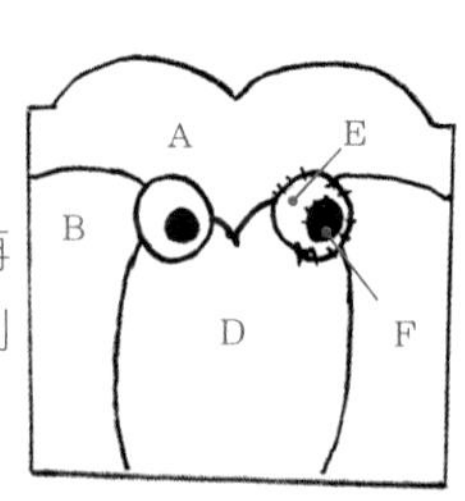

4 將前片、後片、底三片一起鋪棉加襯壓線。

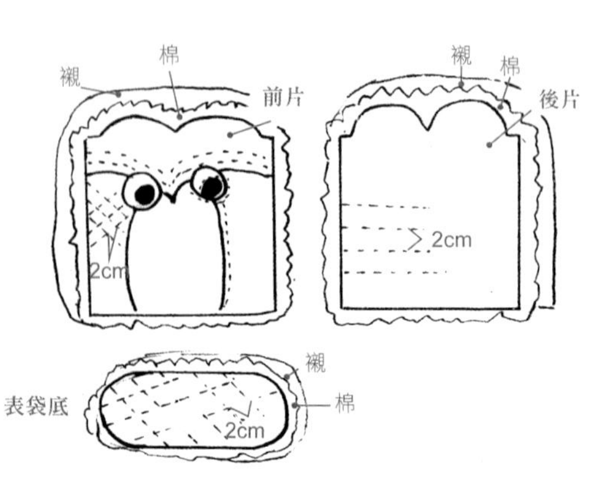

5 將前片與後片左右車縫，再車縫底部部分。

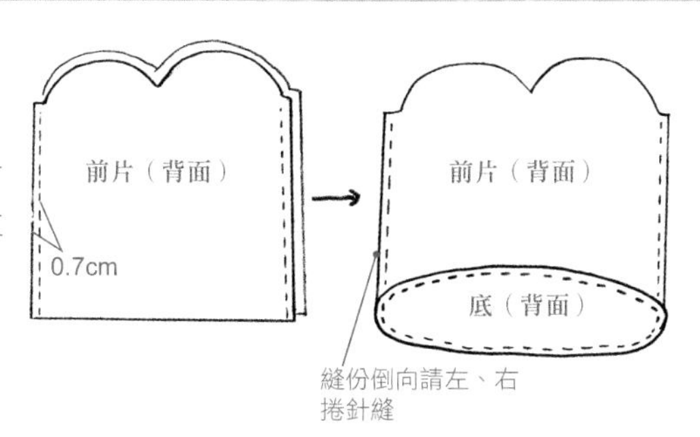

6 裡布作法同步驟 5 作法（內口袋自行剪裁）再將表布、裡布正面對正面將袋口處車縫一圈。

＊裡袋置入表袋正面相對，修剪袋子開口處鋪棉縫份，組合口金時會比較好縫。

7 翻回正面，找出中心點將口金與袋口以回針或平針縫法固定即完成。

一字拉鍊內口袋縫法

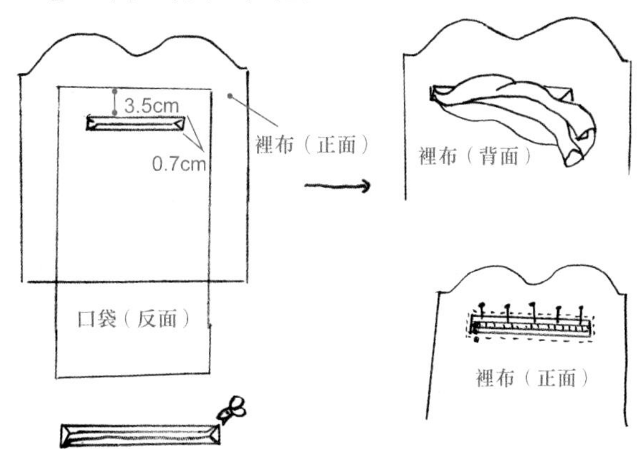

①角邊留 0.1cm 距離將 Y 形剪開。

②先將拉鍊置於口袋布下方，以珠針固定後，沿四邊 0.2 至 0.3cm 車縫一圈，再將口袋布對摺於上方裡布，車縫ㄇ字形即完成。

縫製內口袋

依紙型裁剪裡布，依個人喜好增減格層或高度車縫於裡袋。

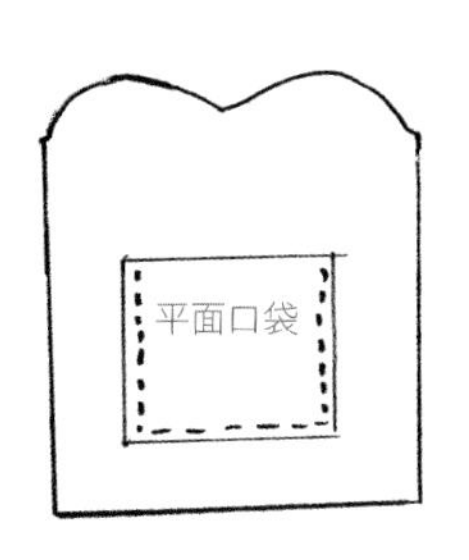

P.12

噗噗豬公事包

材料

- 表布、裡布 3 尺
- 膚色布、黑色布 各半尺
- 45cm、23cm 拉鍊各 1 條
- 2.5cmD 型環 2 顆
- 2.5cm 塑膠釦 2 顆

HOW TO MAKE

外加縫份 1cm，如有特別標示「已含縫份」字樣除外。

1 依紙型裁剪耳朵，作法如圖所示。

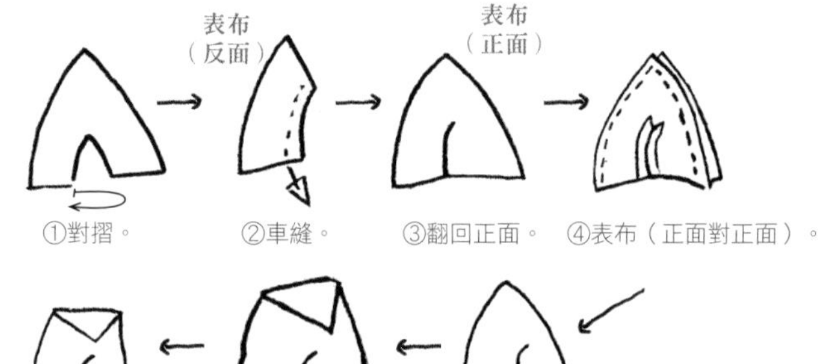

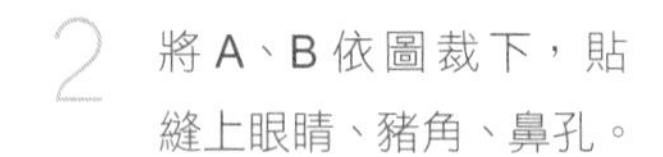

2 將 A、B 依圖裁下，貼縫上眼睛、豬角、鼻孔。

紙型A面

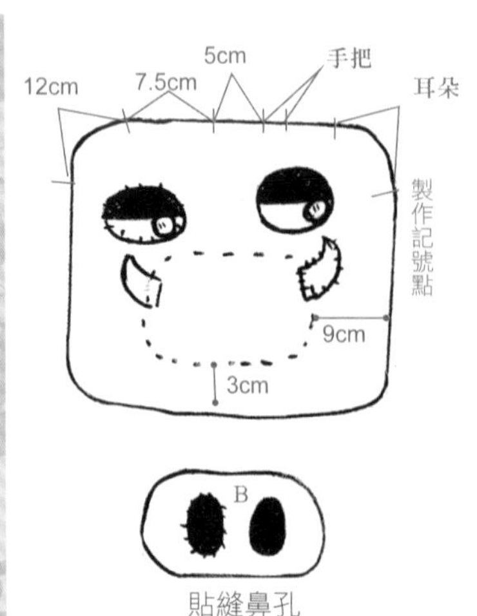

貼縫鼻孔

3 將拉鍊縫上袋口。

A.（①、②、③）：縫製拉鍊上袋口。

①表布、裡布正面對正面畫 1cm×45cm 的長方形開口車縫。
②剪開車縫線內（頭尾需剪 Y 到 0.1cm 處）。
③裡布需翻入，呈現出表布是正面，再車上拉鍊即可。

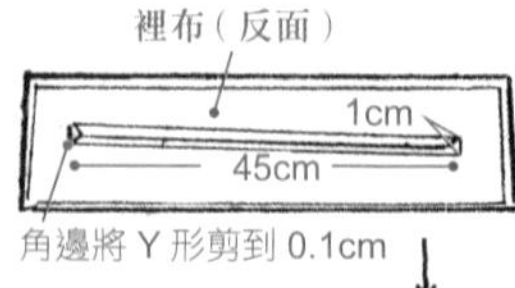

B.（B1、B2、B3）：拉鍊下袋口。 B1. 表布與拉鍊正面相對車縫。

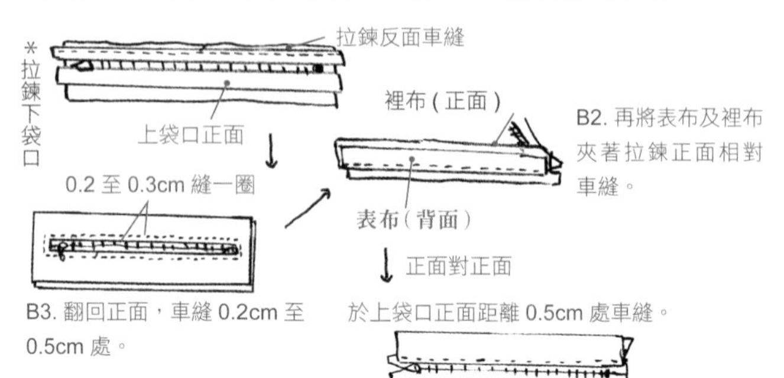

B3. 翻回正面，車縫 0.2cm 至 0.5cm 處。

於上袋口正面距離 0.5cm 處車縫。

4 上袋口與表袋上袋口作法相同。

5 表布、鋪棉加襯（襯依個人喜好薄厚選用）壓線。

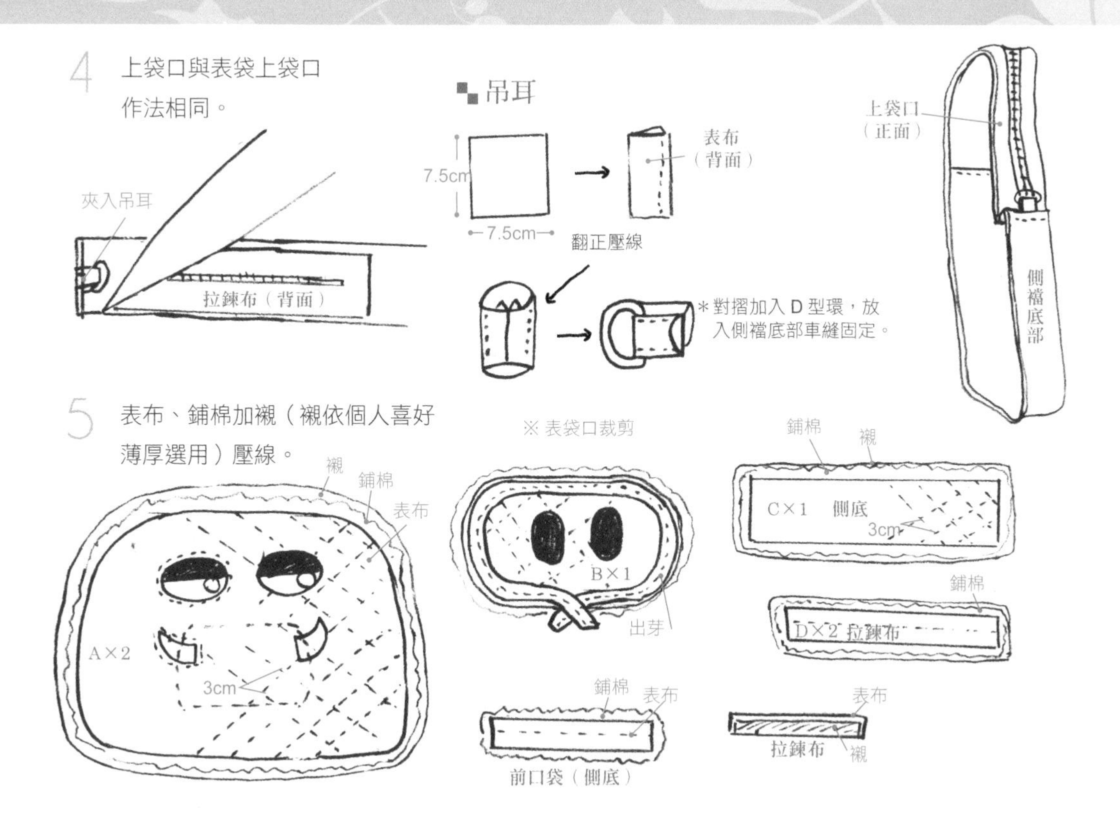

6 加上提把組合表布袋身：將提把疏縫固定在表布主體上方、再將側襠底部、上袋口組合車縫。

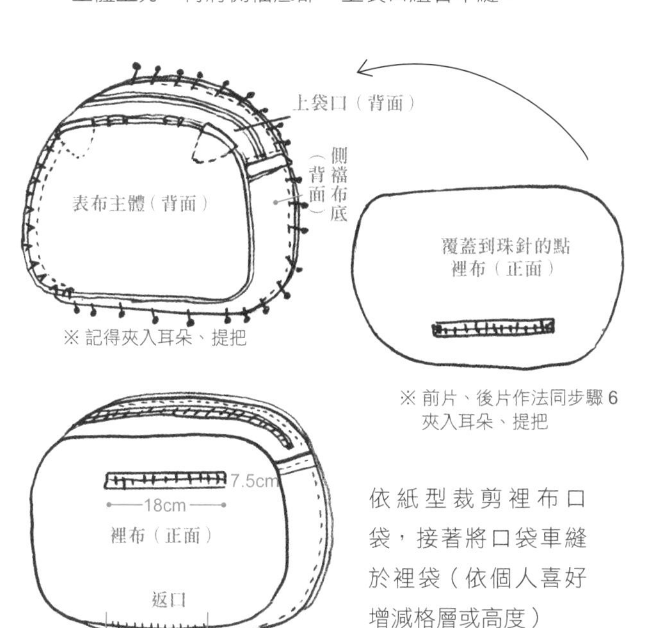

依紙型裁剪裡布口袋，接著將口袋車縫於裡袋（依個人喜好增減格層或高度）

7 加縫表布口袋：與表袋身作法相同，完成表布口袋後，依記號位置以藏針縫縫於表袋身，為了加強受力，可往裡袋邊緣密縫一圈，使其貼緊表布主體。

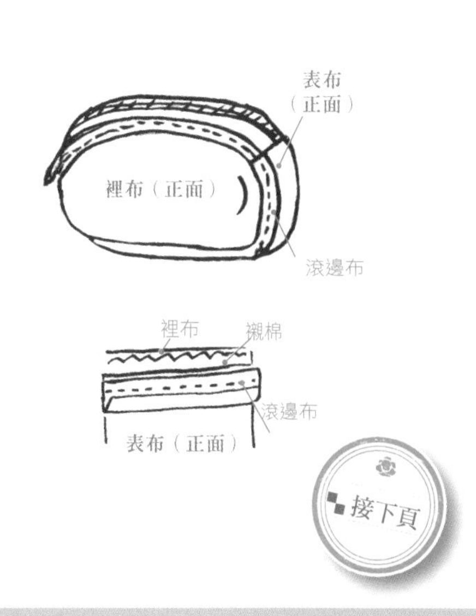

接下頁

包邊作法

①將斜布條與袋身正面相對，沿完成線車縫。

4cm

②再以另一邊未車縫的斜布條包覆後，將縫份倒向側身，再以藏針縫固定。

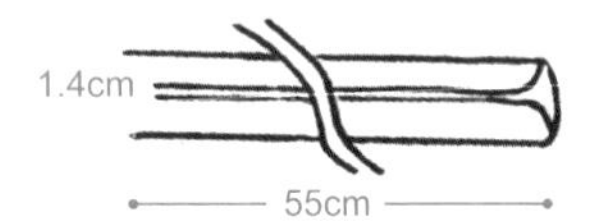

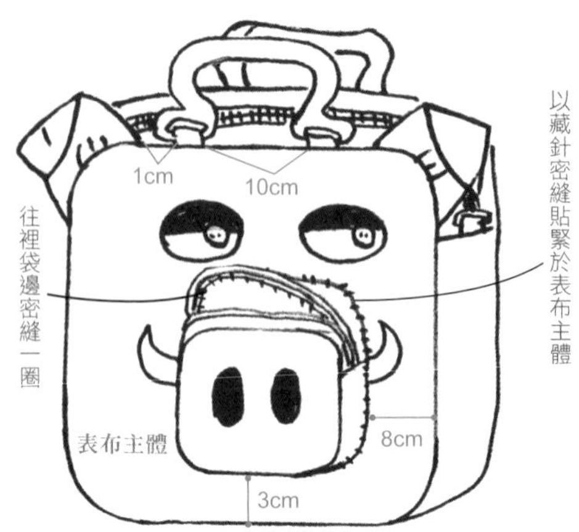

豬足鑰匙包

材料

- 表布、裡布 3 尺
- 膚色布、黑色布 各半尺
- 木製手把 1 組
- 45cm、23cm 拉鍊各 1 條
- 2.5cmD 型環 2 個
- 2.5cm 塑膠釦 2 個

1 將主布、黑色布拼接後，畫上豬足圖案。

裁 2 片
縫份 1cm
紙型
紙型

縫份 1cm 剪下鋪棉。

2 車縫一圈需留返口，多餘襯棉需修剪掉。

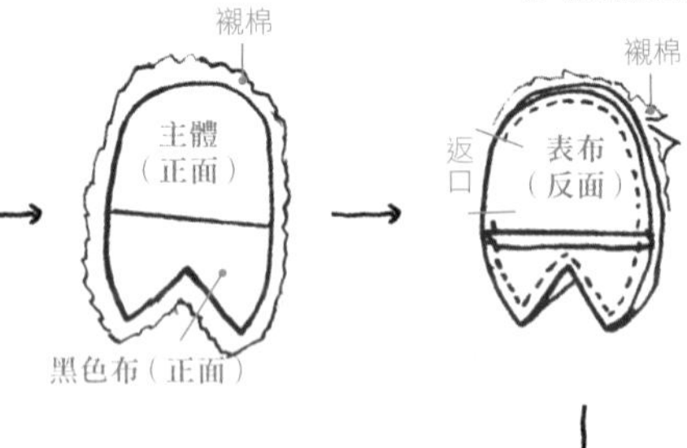

3 翻回正面，返口藏針縫。

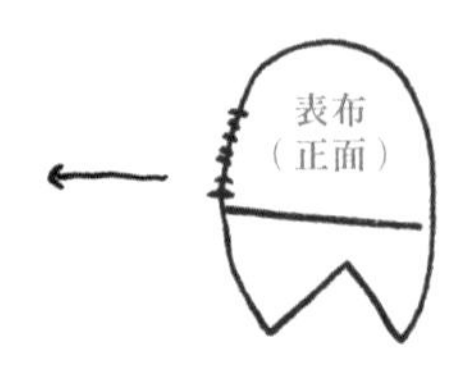

4 正面對正面旁側需進行密針藏針縫。

5 放入皮製鎖匙圈即完成。

P.14

貓咪肩背包

材料

- 表布2尺
- 黑色布1尺
- 裡布2尺
- 棉
- 厚襯
- 配色布粉紅布少許
- 拉鍊30cm及18cm各1條
- 2.4cm包釦2顆

HOW TO MAKE

外加縫份1cm，如有特別標示「已含縫份」字樣除外。

紙型B面

1 將A耳朵、F尾巴依紙型裁下正面對正面車縫。（A可依個人喜好加寬，耳朵打褶）

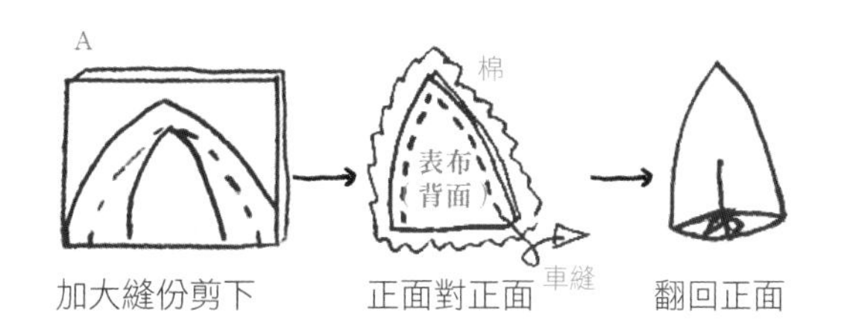

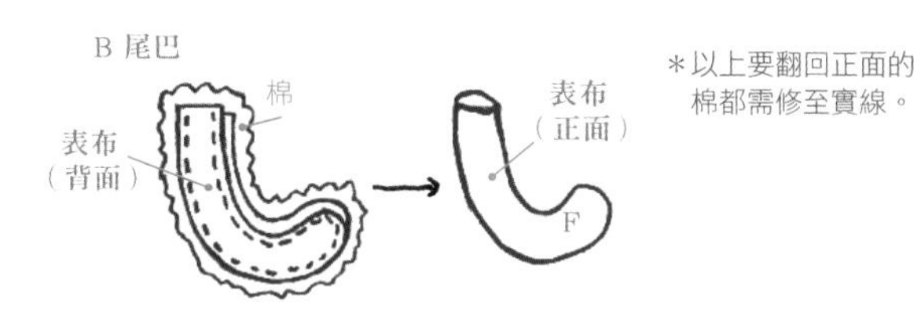

＊以上要翻回正面的棉都需修至實線。

2 將B、C、D依紙型裁下貼縫貓咪的紋路。

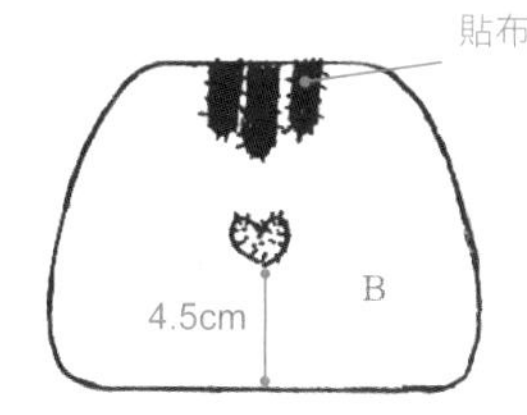

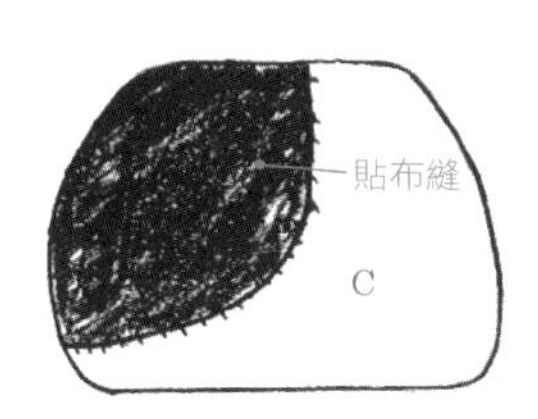

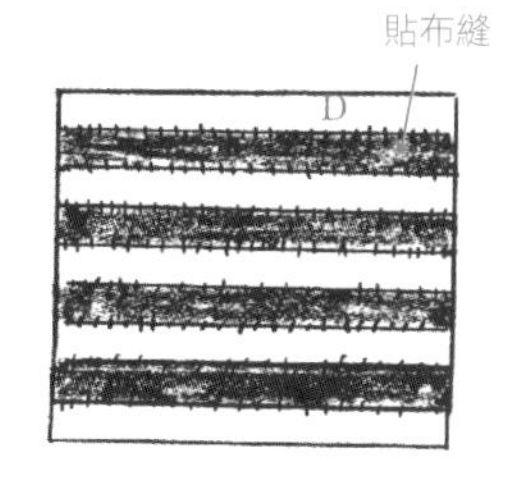

3 加襯繡上鬍鬚三層壓線（縫上眼睛）。

＊壓完線多餘的棉襯需修剪至與表布同大小。

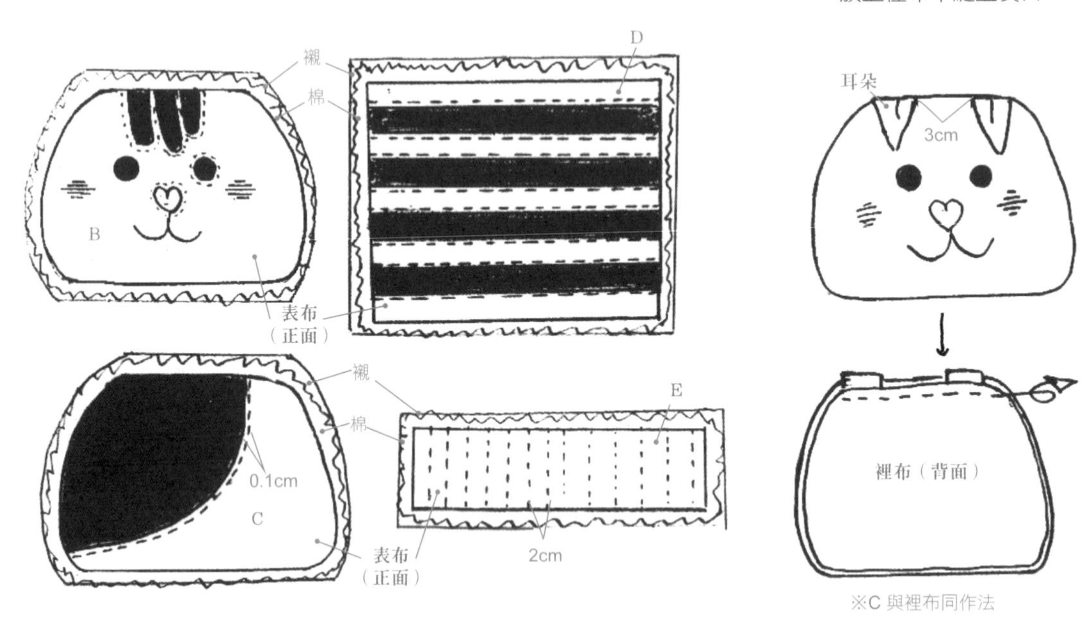

4 將A固定到B的前片上，放上裡布車縫上袋口。

耳朵
3cm
裡布（背面）

※C與裡布同作法

5 E拉鍊布作法：

依紙型尺寸將表布裡布及棉襯裁好，並將表布及裡布正面相對，夾車拉鍊。

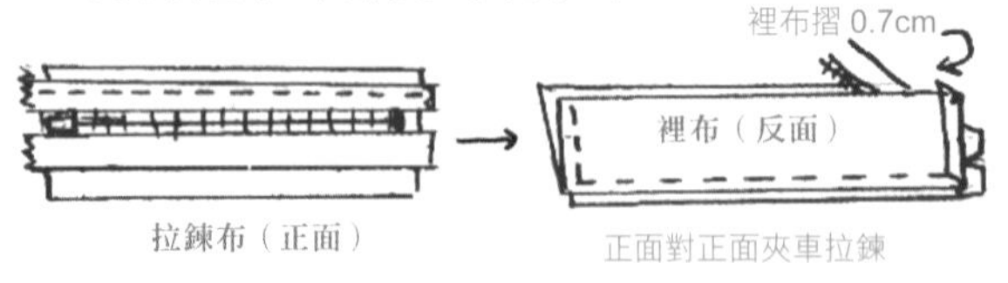

①左右作法相同。

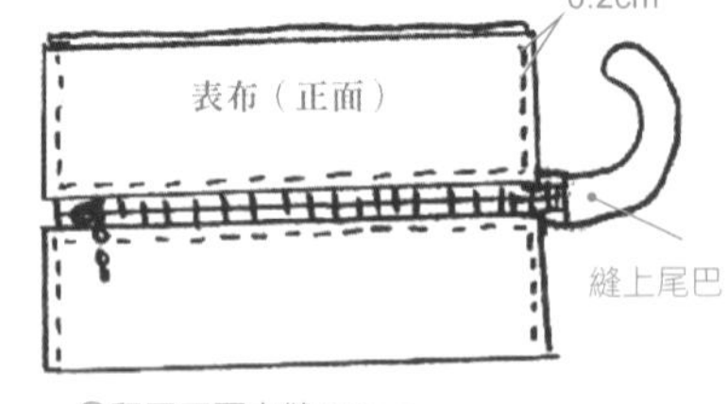

②翻回正面車縫 0.2cm。

6 E組合D袋身（裡布口袋依個人喜好裁剪）夾入手把。

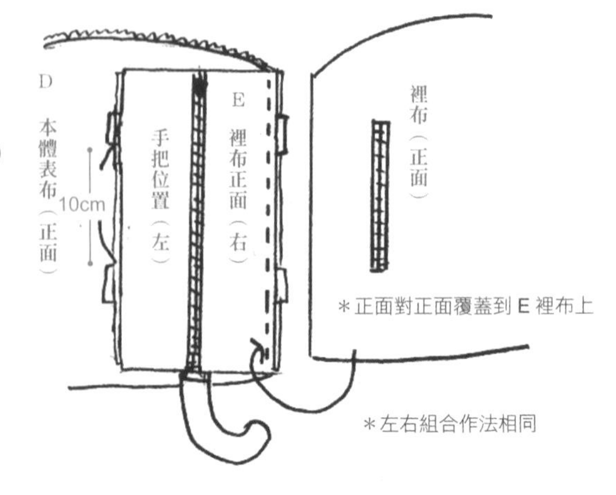

7 組合本體的側邊處需包邊。

＊裡布包邊布尺寸：4cm×110cm。

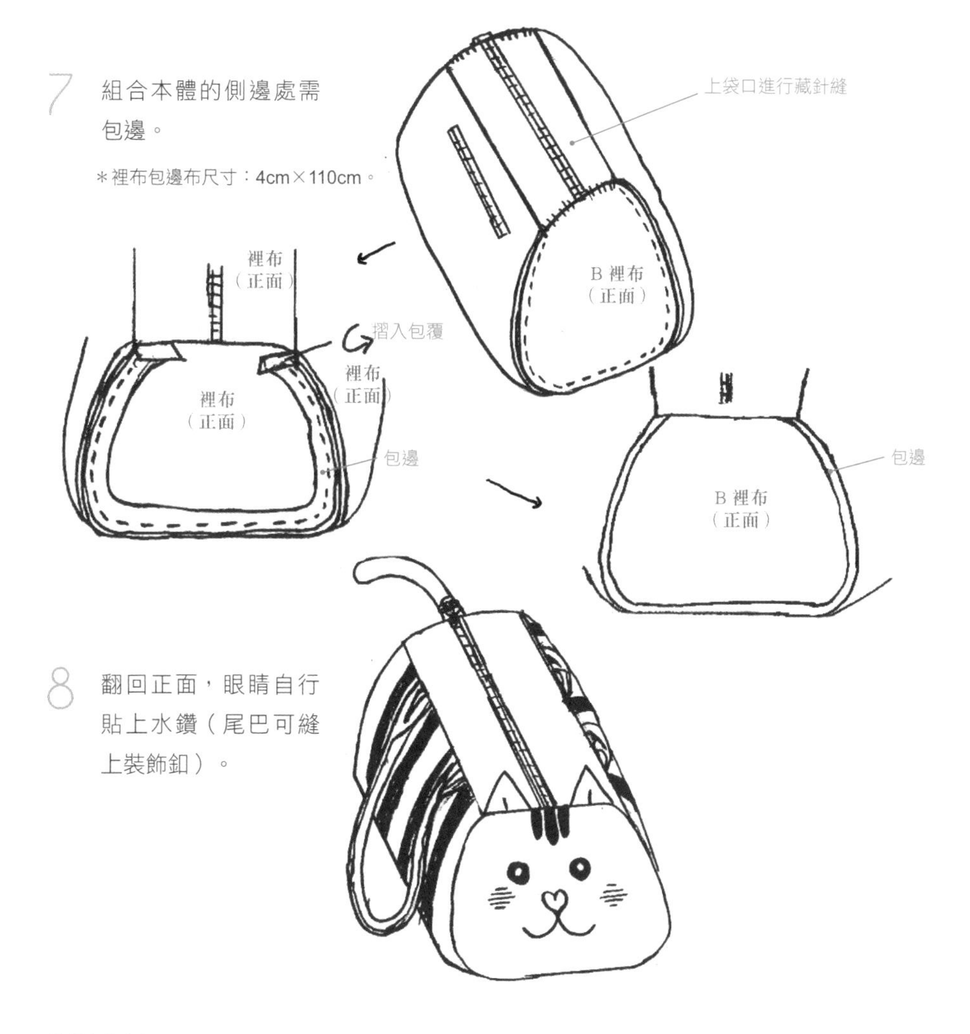

8 翻回正面，眼睛自行貼上水鑽（尾巴可縫上裝飾釦）。

■眼睛作法

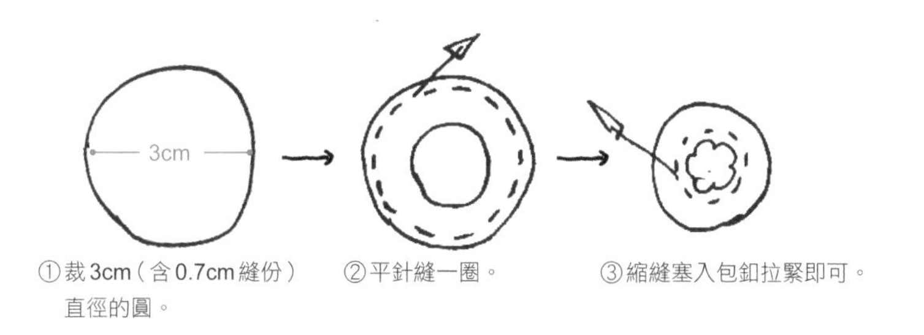

①裁 3cm（含 0.7cm 縫份）直徑的圓。 ②平針縫一圈。 ③縮縫塞入包釦拉緊即可。

P.16

教堂之窗斜背包

紙型A面

材料

- 深色布 3 尺
- 淺色布 2 尺
- 裡布 2 尺
- 40cm 拉鍊 1 條
- 21mm 包釦 2 顆

HOW TO MAKE

外加縫份 1cm，如有特別標示「已含縫份」字樣除外。

教堂之窗技法請參考 P.76 至 P.77

1 將袋蓋裁成 A 片一片
貼上條紋片（深色布）。

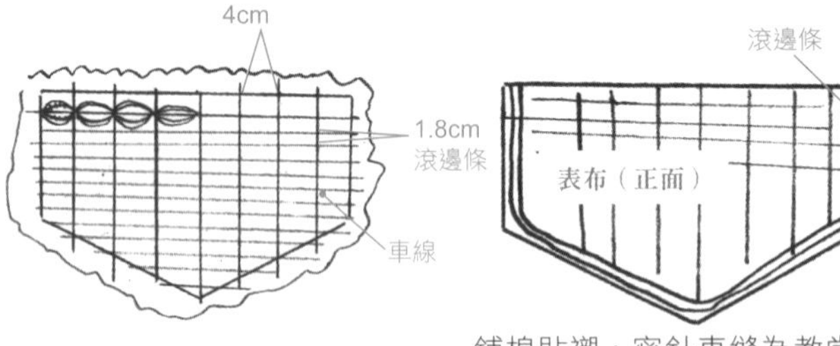

鋪棉貼襯，密針車縫為教堂之窗圖形，再車上滾邊條（出芽）

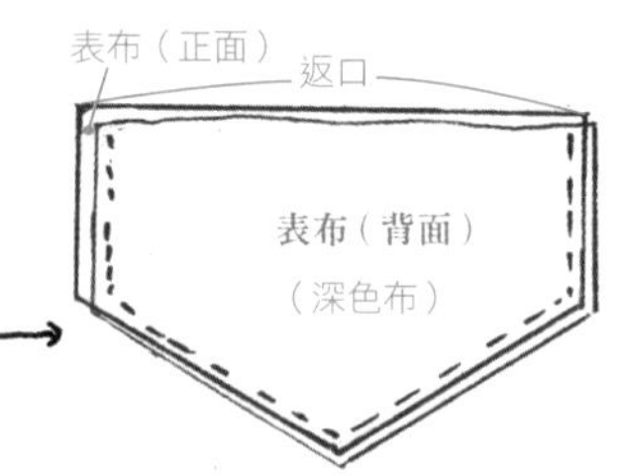

裁成兩片深色布正面對正面車縫

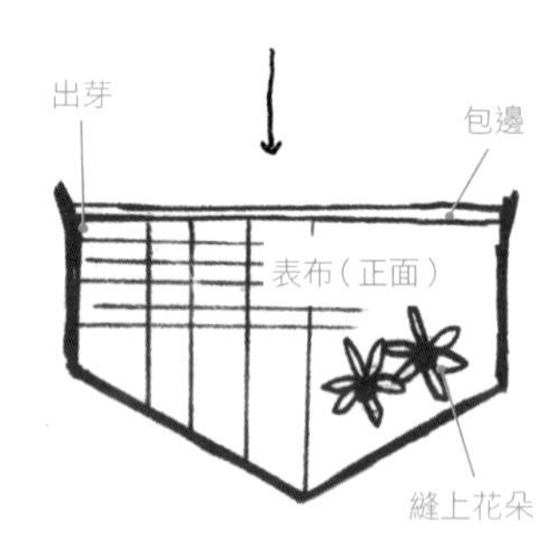

＊花朵作法請參考 P.88。

2 裁 B、D 片（深色布）鋪棉加襯
裁 C 片（淺色布）鋪棉加襯。

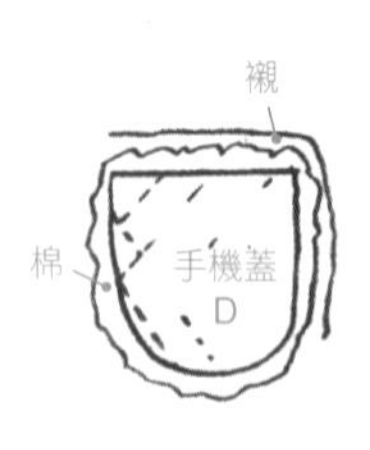

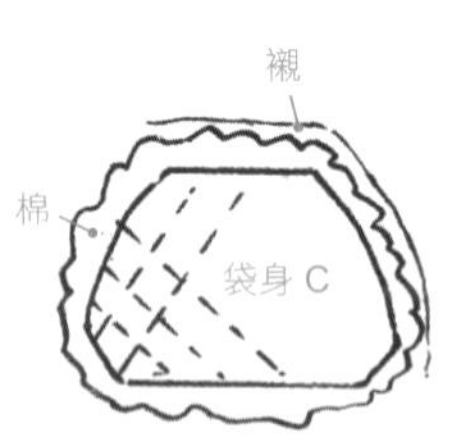

3 將 C 片的底部 X、O 作出記號，再把兩片深色布正面對正面車縫，
留返口，翻面，返口處需縫合。壓線抓出 X、O 固定底部。

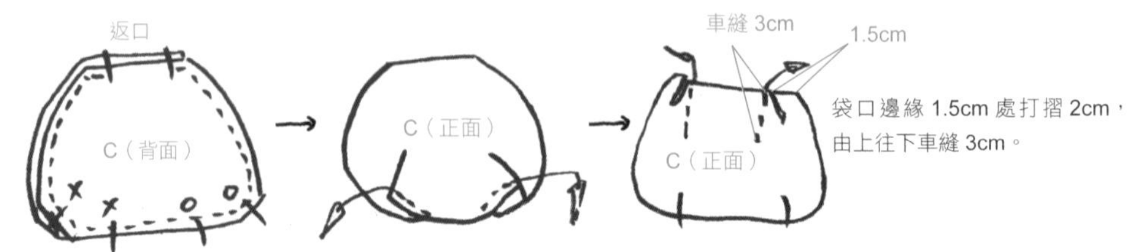

4 將D片壓完線裁成兩片，作出芽條將袋口處包邊。

＊與裡布一起包邊，包邊作法請參考 P.88。

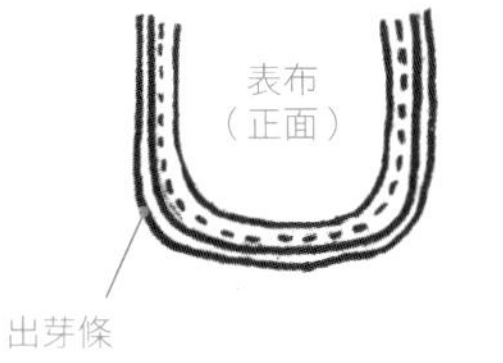

5 拉鍊片：裁 1.5cmX36cm 4 片。

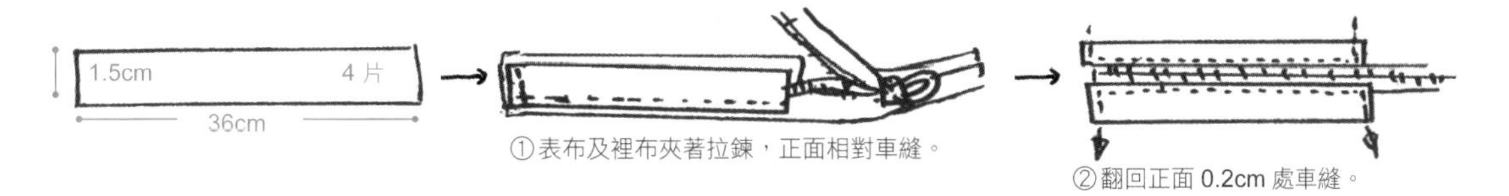

6 製作滾邊條（出芽）

80cm 深色布 1 條

40cm 淺色布 2 條

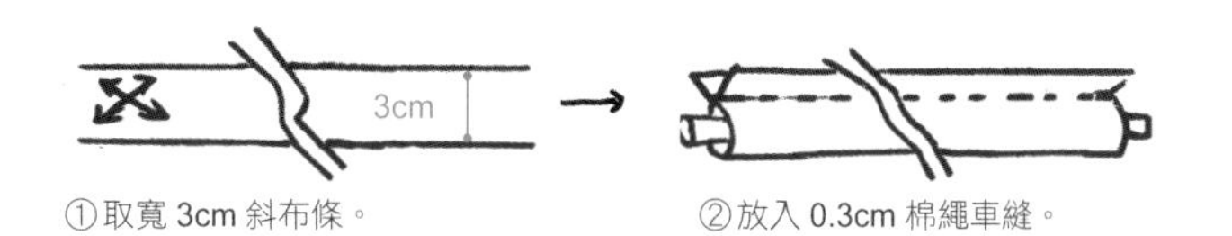

7 裡布 2 片

將裡布兩片縫成袋型，並於兩角抓底角 14cm 作為底部。

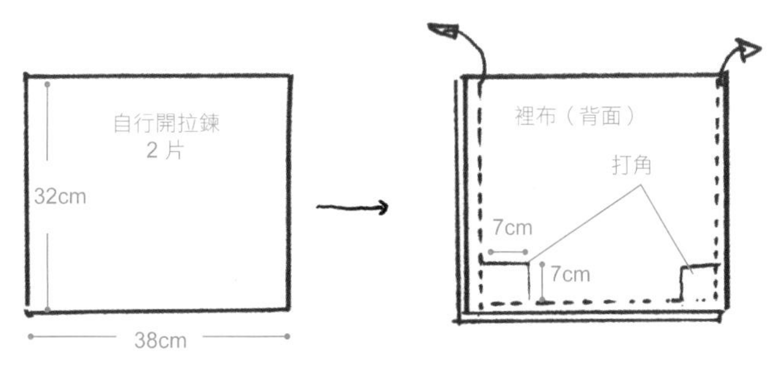

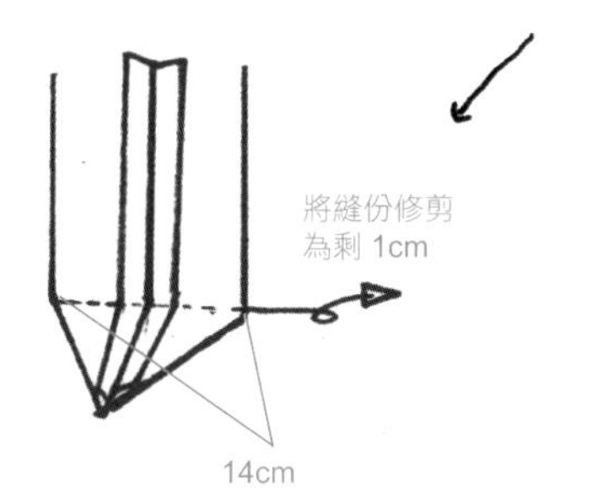

8 袋身B同作法7再將D、C縫於袋身兩側。

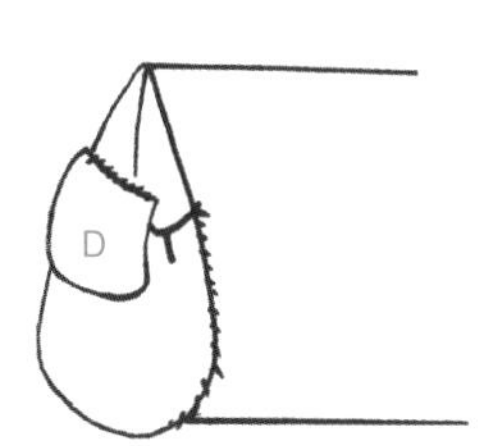

9 將步驟 5 放置袋身袋口處，套入步驟 7 裡袋，底部需預留返口，由返口翻出再縫合返口。

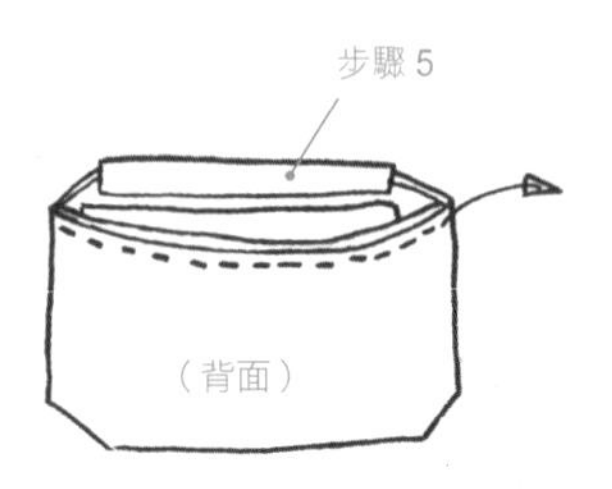

10 將袋蓋縫於袋身，並將步驟 4 袋蓋縫上鎖釦。

11 於袋口兩側縫上斜背帶即完成。

包邊條作法

裁 4cm 寬斜紋布

貼上軌道襯（10-20-10 20m）

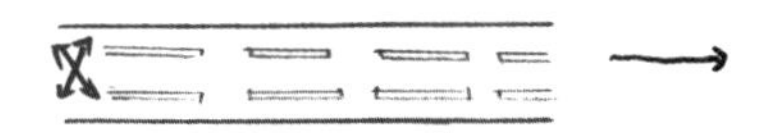

燙成 1.8cm 的布條

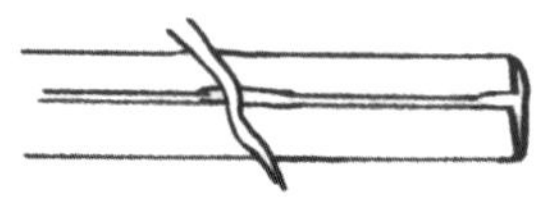

花的作法

（一朵 6 個花瓣，共需裁 24 枚）

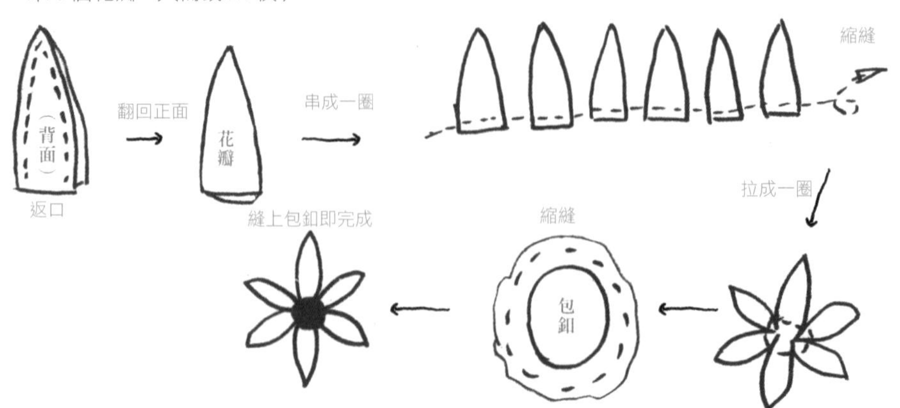

P.18

小屋腰側斜背包

紙型A面

材料

- 5 款布各色 1 尺
- 裡布 2 尺
- 口型釦 1 個
- 日型釦 1 個
- 磁釦 1 個
- 2.5 織帶 5 尺

HOW TO MAKE

外加縫份 1cm，如有特別標示「已含縫份」字樣除外。

■小叮嚀
畫紙型時，紙型需正面面對布的背面畫，才會同一方向喔！

1 將前片本體拼接，裁下，鋪上棉加襯，三層壓線（前後口袋、手機袋只需鋪棉）。

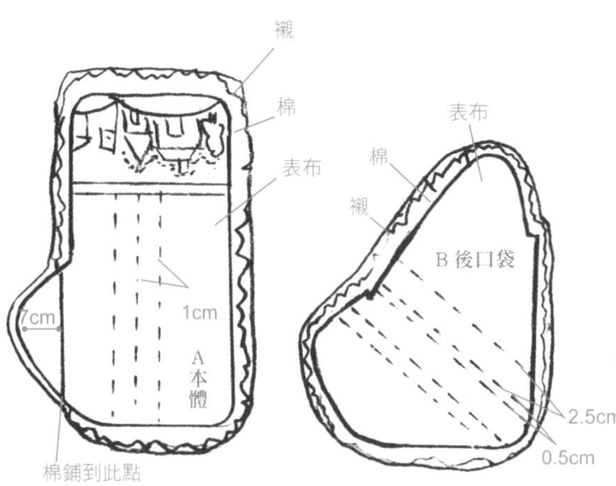

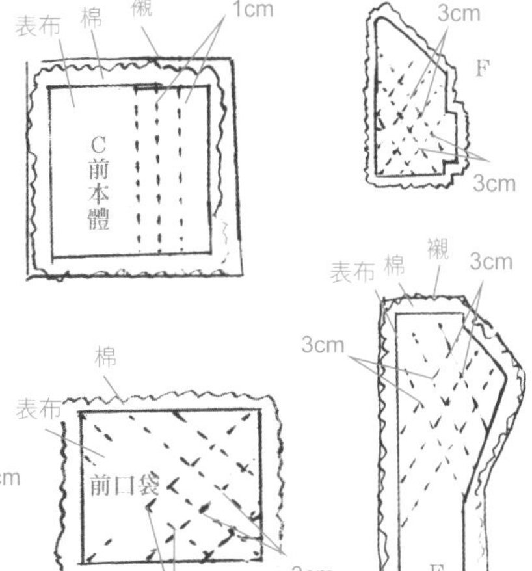

2 壓完線把多餘的棉襯修到與布同寬，再將圖案布密針縫到前蓋、前口袋手機袋車縫再將前口袋、手機袋、後口袋上段包邊。

※ 記得布棉裡三層一起包邊

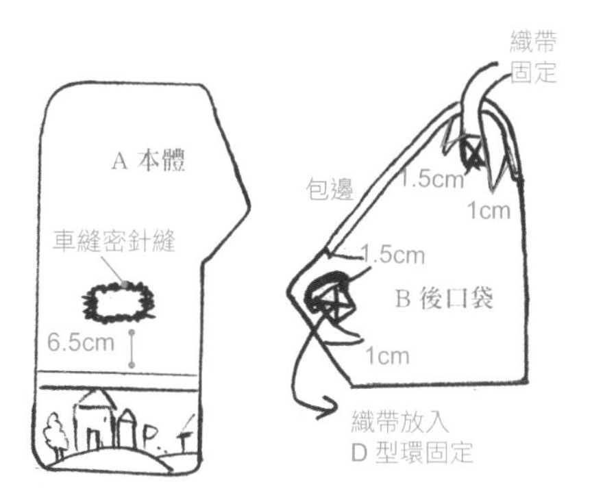

接下頁

包邊圖示

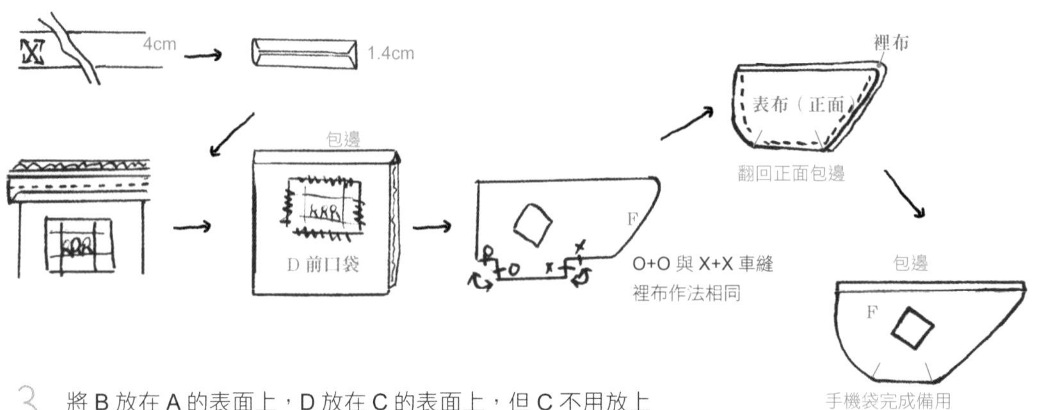

3 將 B 放在 A 的表面上，D 放在 C 的表面上，但 C 不用放上裡布，F 放在 E 的表面上，但 E 不用放上裡布。

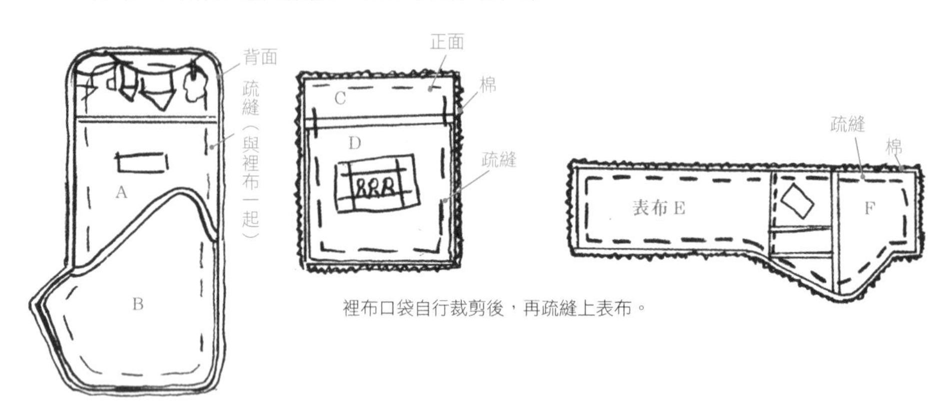

裡布口袋自行裁剪後，再疏縫上表布。

4 組合 C、D＋E、F(將組合好的上袋口包邊)
將固定好的表側身與表袋底固定於表袋身前片。

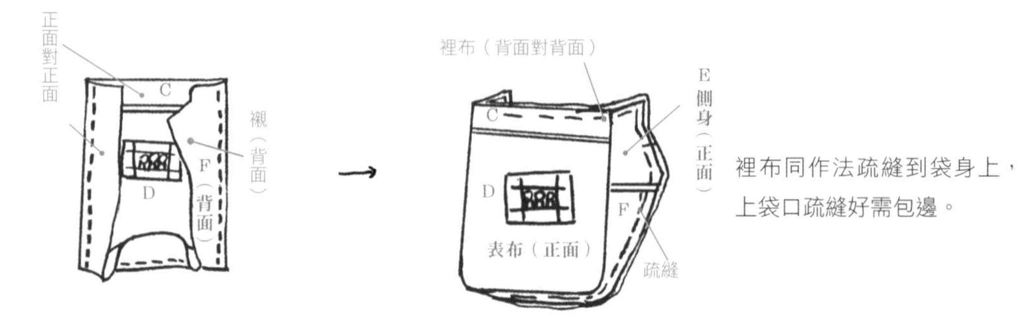

裡布同作法疏縫到袋身上，上袋口疏縫好需包邊。

5 前袋身組合好再將前袋身固定到後袋蓋上，固定周圍包邊。

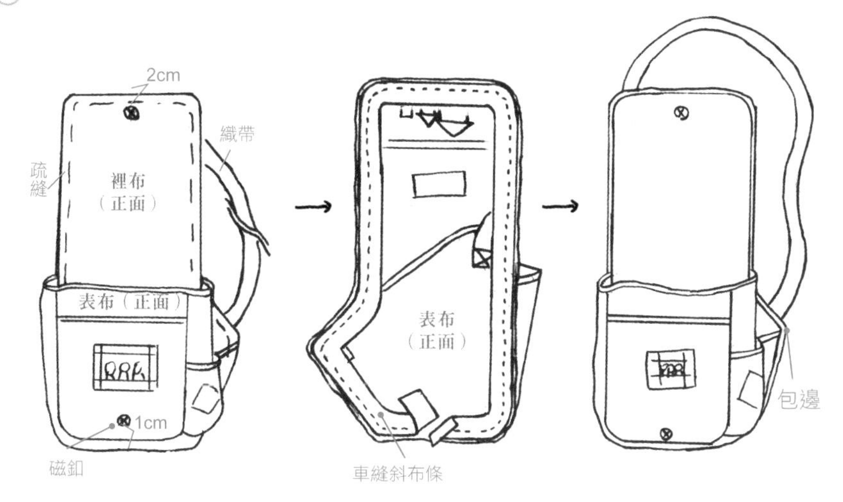

固定好包邊一圈

裡布口袋作法

（平面口袋作法）

上端壓線

裡布
（正面）

袋口上
（正面）

所需平面口袋尺寸依個人喜愛製作（不可大於袋身），口袋布摺雙，正面袋口上方車縫。

裡布口袋作法

（一字拉鍊裡袋縫法）

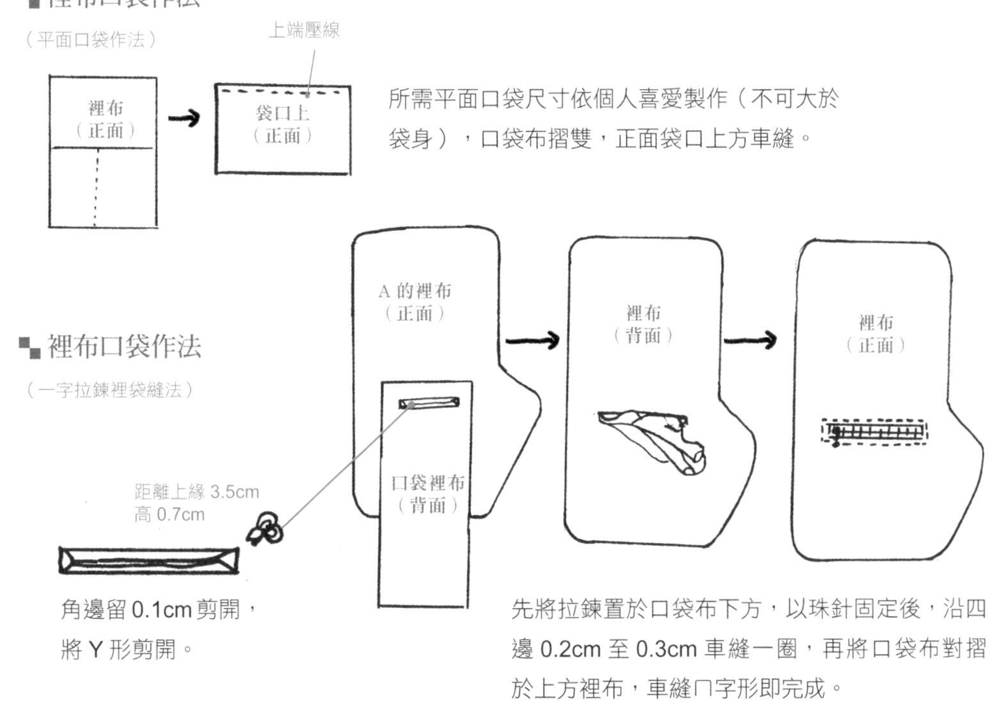

角邊留 0.1cm 剪開，將 Y 形剪開。

先將拉鍊置於口袋布下方，以珠針固定後，沿四邊 0.2cm 至 0.3cm 車縫一圈，再將口袋布對摺於上方裡布，車縫ㄇ字形即完成。

P.20

格紋精靈圓滿包

紙型A面

材料

- 表布 2 尺
- 仿皮 1.5 尺
- 裡布 2 尺
- 棉
- 襯
- 2cm 皮片 4 枚
- 2cm D 型環 6 個
- 拉鍊 33cm 及 16cm 各 1 條

HOW TO MAKE

外加縫份 1cm，如有特別標示「已含縫份」字樣除外。

1 裁布的部份作打褶記號

先染布：

A 本體：表布、裡布 2 片
B 側口袋：表布、裡布 2 片
C 側身布：表布、裡布 2 片

仿皮

D 袋底：表布、裡布各 1 片
E 拉鍊片：4cm×29cm 表布、裡布各 2 片、口布 2 片
F 吊耳：5.5cm×6cm　2 片
G 手把：8.5 cm×70cm 含縫份需貼襯

2 將 A、B 鋪上薄棉抓褶，裡布相同作法，但只需貼薄襯

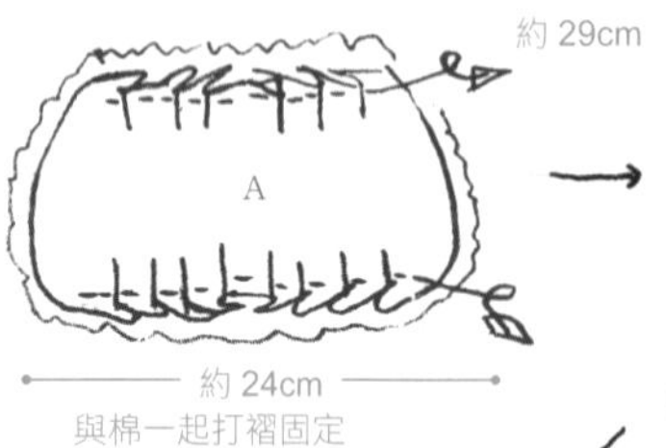

3 將 D 鋪棉加厚襯滾上包邊條。
＊裡布只需貼薄襯

E 拉鍊片：2 片（燙厚襯）
C 側身布：（燙厚襯）
G 手把：（薄襯只需貼一半）

4 包邊條（出芽）：
將棉繩包入斜布條中，並沿著棉繩邊緣車縫。

5 包邊布：
取寬 4cm 斜布條，將斜布條兩側往中間燙齊。

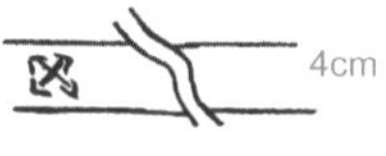

6 手把 G 2 片：

①8.5cm×70cm 摺雙車縫。
尾端都需車縫出弧度。

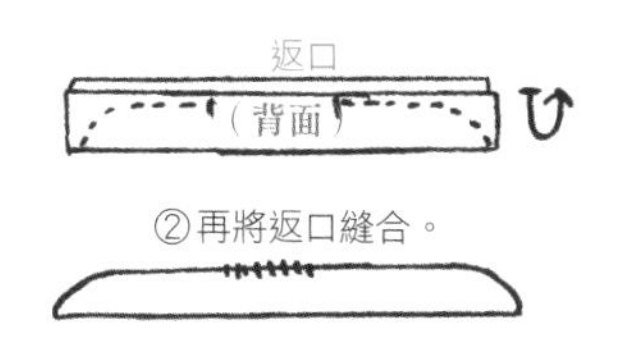

7 吊耳 2 片：將 6cm 左右各摺 1cm，再摺雙，兩邊各車縫一道放入 D 型環。

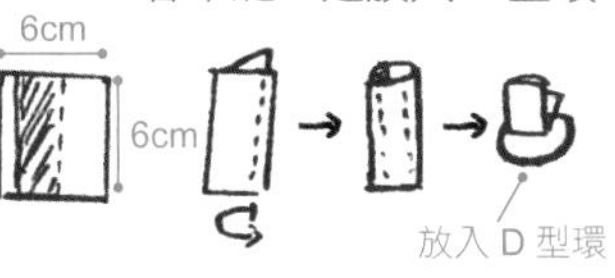

8 拉鍊布 E：取出拉鍊表布、裡布，分別夾車拉鍊兩側，翻至正面，沿拉鍊邊緣車縫一道。

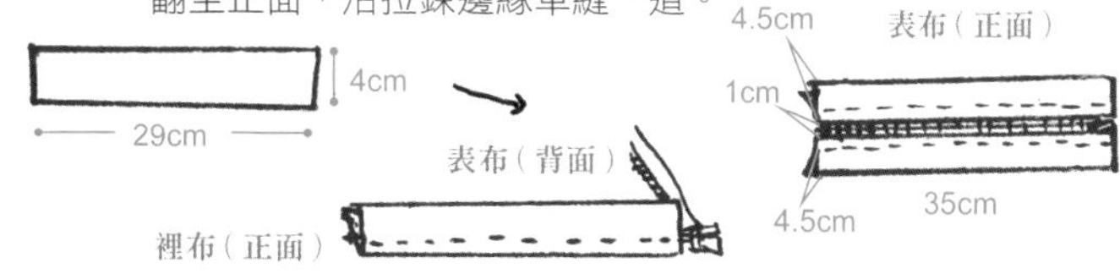

9 組合上側身＋兩片下側身表布（請記得放入吊耳布）再縫上各一片下側身裡布，完成整個側身。

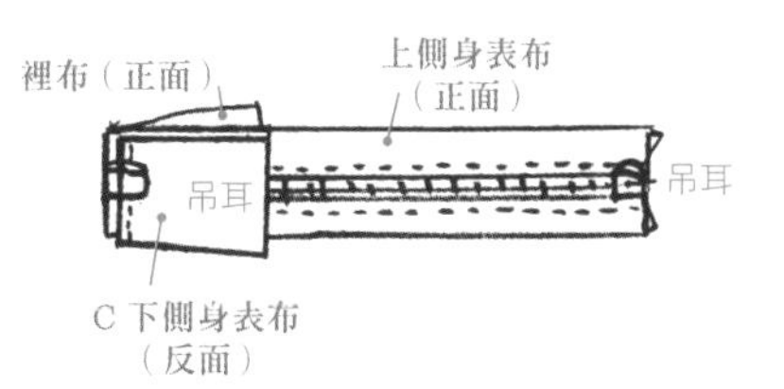

10 將 B 貼到 C 上，兩邊相同作法。

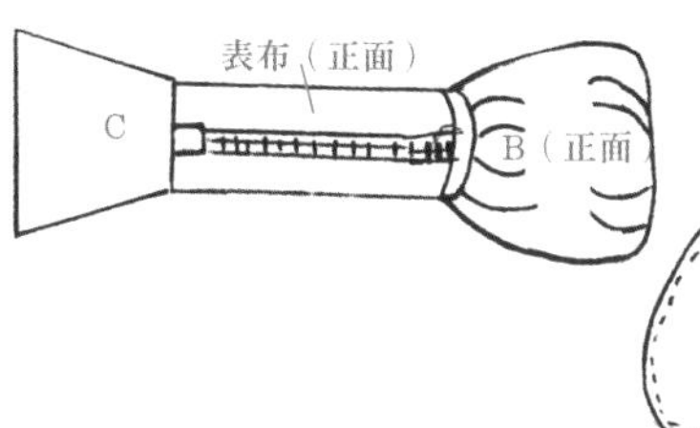

11 組合前片、後片袋身與側身。

12 袋身組合好後，將步驟 11A 的裡布覆蓋到上側身的位置，車縫袋口，下段留返口不車縫。

13 將袋身組合袋底。

14 袋底縮縫塑膠板一圈。

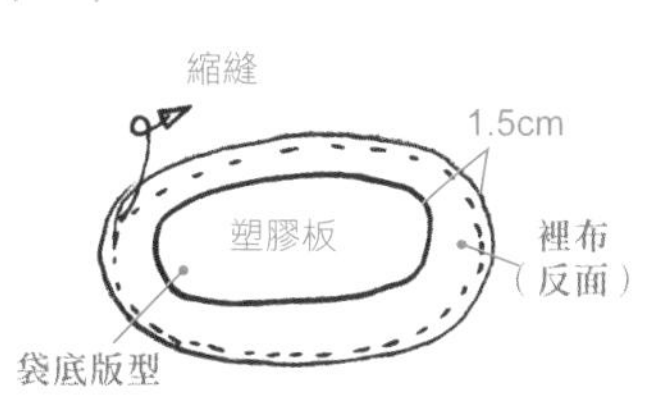

15 將縮縫好的袋底以藏針縫縫上。

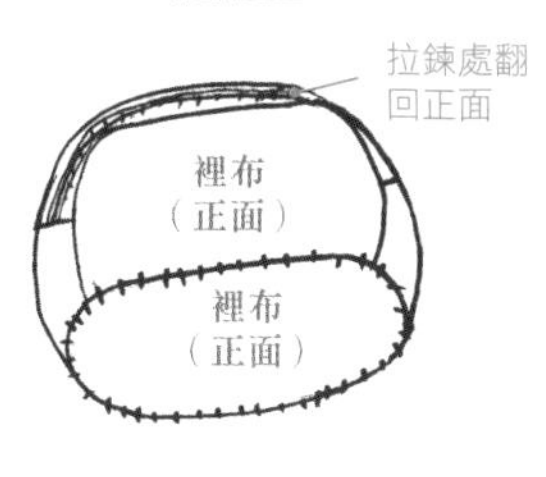

16 翻回正面，釘上皮片放入 D 型環，再綁上仿皮手把即完成。

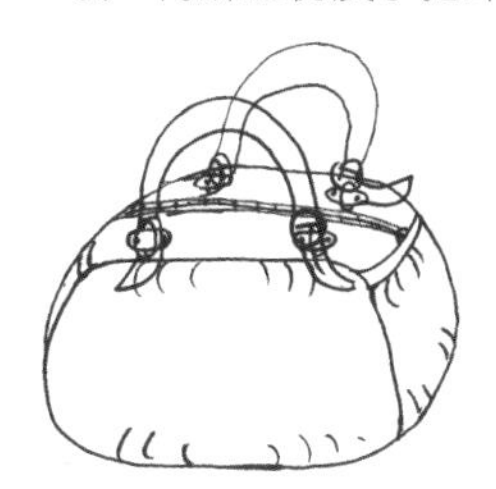

P.26

太陽花手提袋

材料

- 底布：約 2 尺
- 配色布：
  黃色 4 色、綠色布 3 色、咖啡色布
- 厚膠棉
- 襯
- 皮繩 30cm
- 15cm 拉鍊
- 手把 1 付
- 繡線：綠色、黃色、漸層橙色、粉紫色
- 8cm 大頭口金（P.27 太陽花口金包）
- 冷凍紙

紙型B面・C面

HOW TO MAKE

外加縫份 1cm，如有特別標示「已含縫份」字樣除外。

※P.27 太陽花口金包作法請參考 P.99 瑪格麗特口金包。

1 依紙型描圖，冷凍紙也描好圖案。底布依紙型畫好，留縫份裁下。

2 畫好冷凍紙剪下圖案燙於底布。

3 以記號筆沿著冷凍紙外圍將圖案畫上，並完成花心部分。

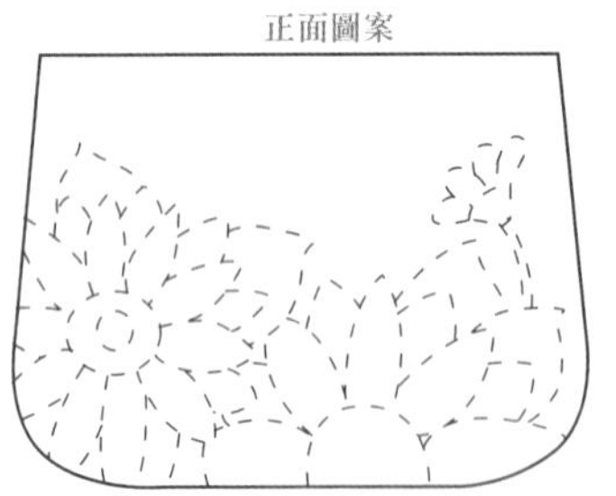

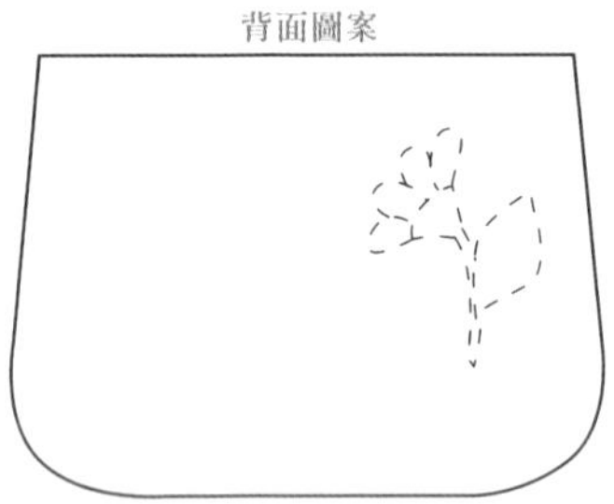

4 底布貼縫圖案，燙棉，細部葉脈、花瓣進行單線輪廓繡，。花心部分進行雙線結粒繡，後片緞帶部分進行雙線輪廓繡。

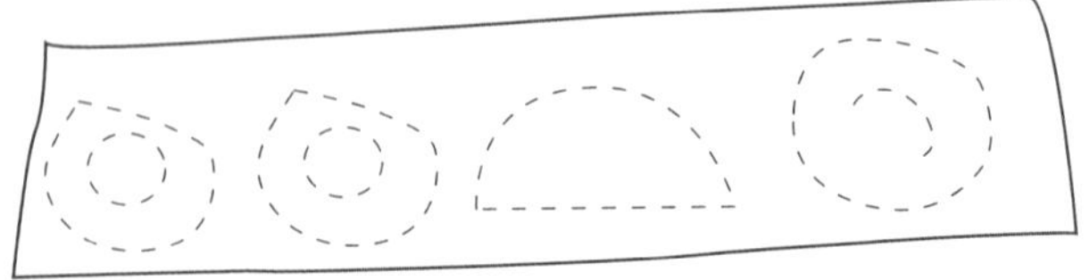

5 裁袋身裡布，燙襯。

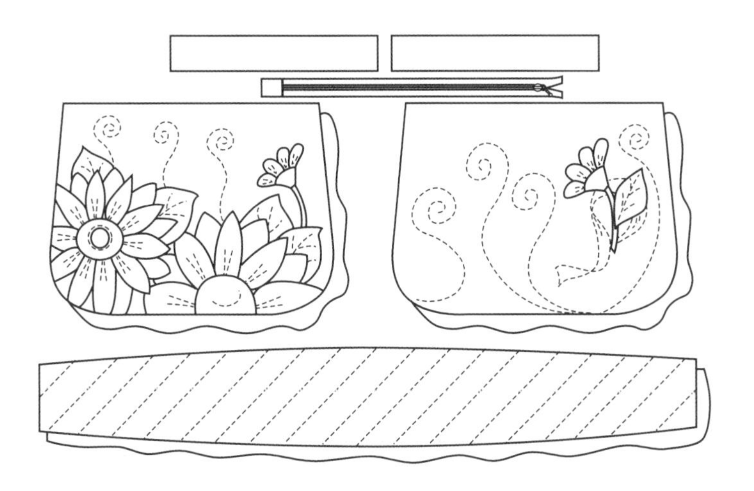

6 口袋車好，裡布組合，留返口。

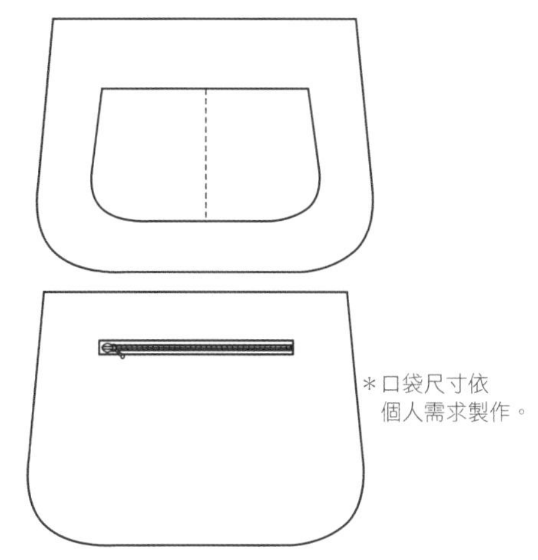

＊口袋尺寸依個人需求製作。

7 包繩布裁正斜布約 2.5cm，側布車上包繩，與袋身組合。

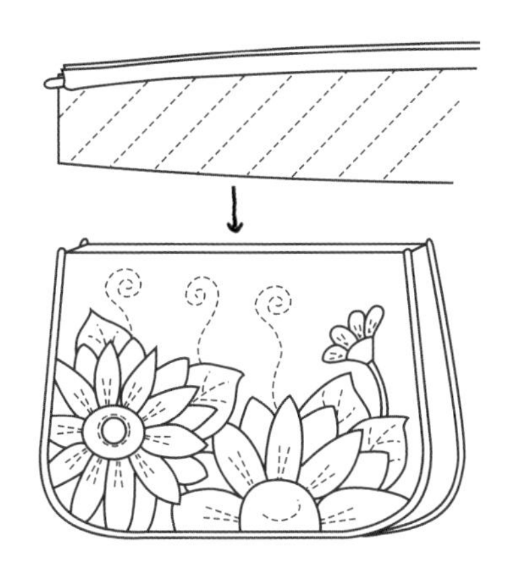

8 拉鍊夾車，袋口包邊。夾車作法：拉鍊口布兩片燙襯，四邊縫份摺 0.7cm 燙好，將拉鍊置中夾車。

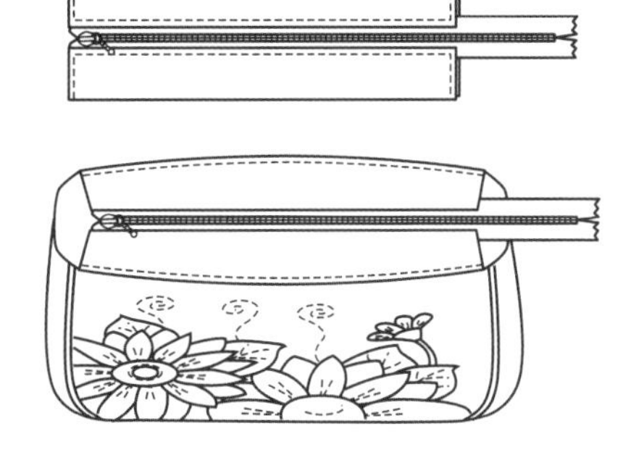

9 由外往裡包邊，包邊另一側以藏針縫固定。

10 手把由返口處縫合，返口以對針縫收口即完成。

P.28

凌波仙子肩背袋

紙型D面

材料

- 表布：約 2 尺
- 配色布：約半尺 2 色
- 葉子用布：綠色布 2 色少許
- 花的用布：漸層色少許
- 胚布
- 裡布：約 2 尺
- 黃色繡線少許
- 厚膠棉
- 布襯
- 冷凍紙
- 25cm、15cm 咖啡色拉鍊各 1 條
- 50cm 長皮手把 1 付

HOW TO MAKE

外加縫份 1cm，如有特別標示「已含縫份」字樣除外。

1 將冷凍紙描上圖案，燙在裁好的表布上。前片兩側作法相同。

2 前片中心的部分，中間鏤空的縫份約 0.5cm 疏縫。

3 將綠色邊條貼縫於疏縫的部分。貼縫完成。

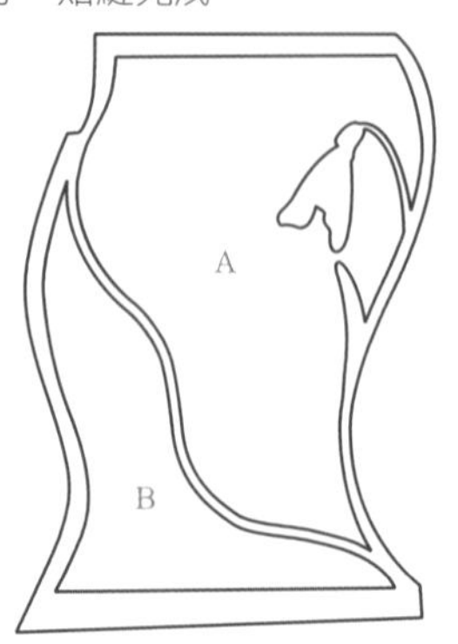

4 葉子、花瓣的部分使用冷凍紙畫好紙型，燙在布的表面裁下，縫份約留 0.3 至 0.5cm。. 依照重疊順序一一貼縫。. 花瓣部分貼縫後再縫上綠色邊條。

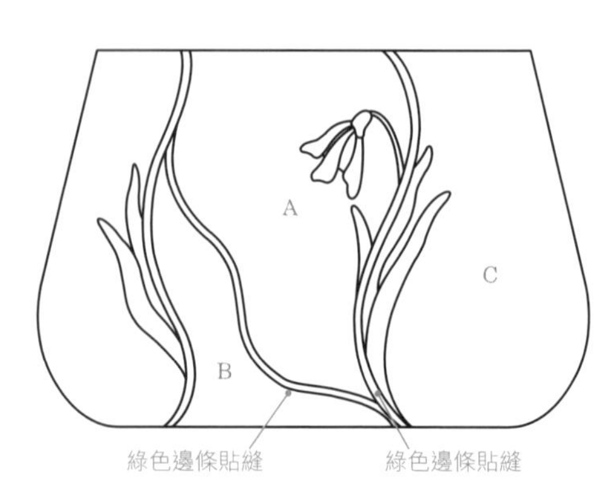

5 貼縫完成後，鋪上膠棉、胚布進行三層壓線。

6 壓完線，將正面花瓣中心的部分線條，以黃色繡線進行單線輪廓繡。

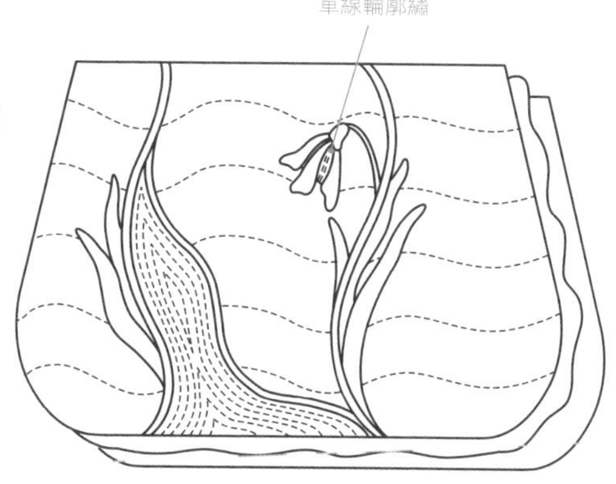

7 側邊壓線完成。裡布燙襯後車上口袋。 ＊口袋依個人喜好製作。

8 貼邊燙襯，裁拉鍊口布 4cm×25.5cm（已含縫份）四片燙襯，夾車拉鍊，拉鍊尾部 4cm×6.5cm（已含縫份），組合後車合裡布，留返口，縫上手把。

9 表布組合完成。

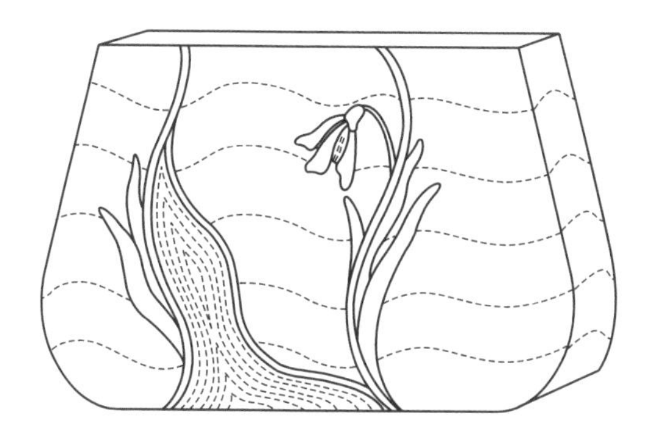

＊包邊布尺寸：4cm× 袋口長度。

10 套上完成的裡布袋身並於袋口處疏縫拉鍊口布，進行包邊後，縫上手把即完成。

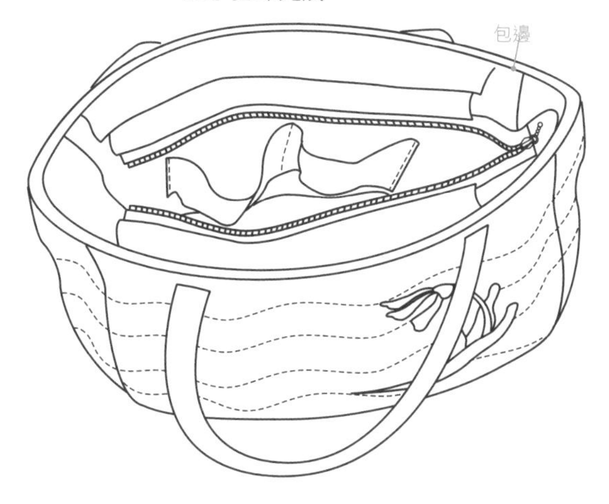

P.30

瑪格麗特側背包

材料

- 底布約 3 尺
- 綠色配色布 3 款
- 黃色配色布
- 紫色配色布
- 裡布 2 尺
- 厚膠棉
- 布襯
- 胚布
- 6cm 口金一個
- 4.5cm 五金環 4 個
- 30cm 拉鍊及 20cm 拉鍊各 1 條
- 綠色、咖啡色、粉紫色繡線

HOW TO MAKE

外加縫份 1cm，如有特別標示「已含縫份」字樣除外。

1 底布依紙板裁下（縫份外加），將圖案複印於底布。

2 將配色布貼縫於底布，燙上厚膠棉及胚布三層。

3 沿著貼縫圖案進行落針壓線。

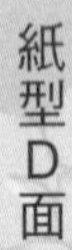

4 落針壓線完成後，將梗的線條部分以三條綠色繡線進行輪廓繡，花瓣部分線條以粉紫色繡線進行單線輪廓繡，花心外圍以三條繡線進行結粒繡。

5 底布中間打 2cm 格子。壓線，底角打褶。

6 拉鍊口布裁 4.5cm×31.5cm（已含縫份），四片夾車拉鍊後，兩側同時車好外翻至正面拉鍊尾布 4cm×6.5cm（已含縫份）。

7 將燙好襯的貼邊、燙好襯的裡布夾車拉鍊口布，車縫脇邊，完成裡袋。

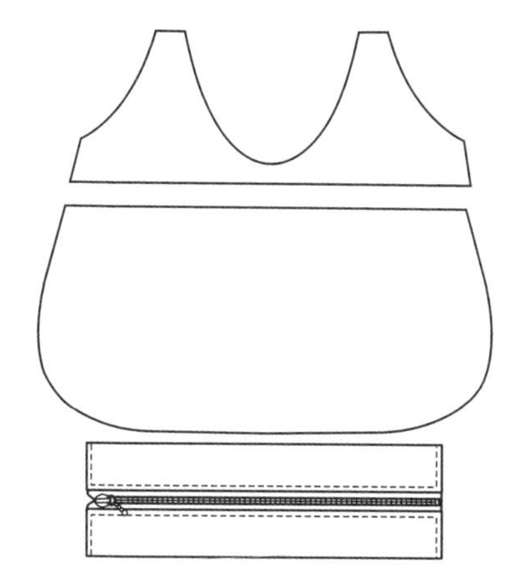

8 將裡袋套入表布袋身，袋口處修剪縫份之後，進行包邊處理。

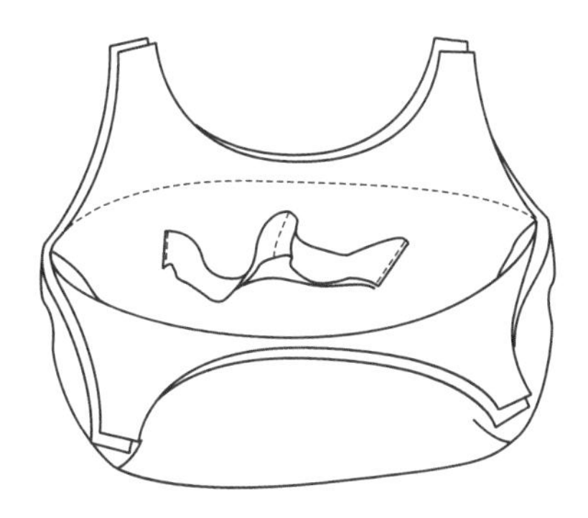

9 貼邊與拉鍊口布接合處進行疏縫後，以點針縫固定。

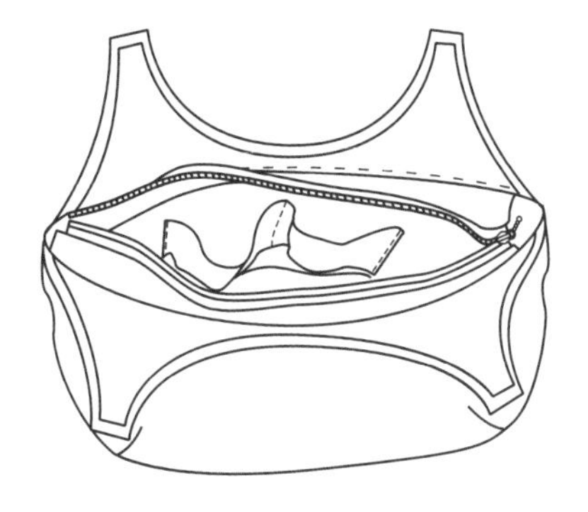

10 手把部分：將布裁成 7.5cm×55cm（已含縫份），燙襯車合外翻，兩邊光面處理，兩側壓線。

＊光面處理：
手把部分燙襯對摺車合外翻，前後縫份往內摺，四周光面壓線。

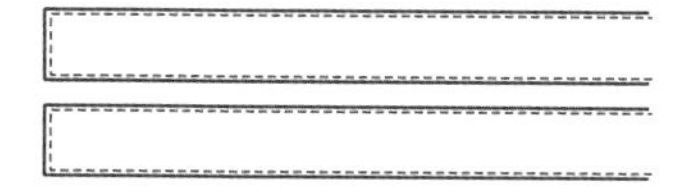

11 光面處理的部分放置五金環縫合固定。

12 將手把縫合固定於袋身即完成主袋。

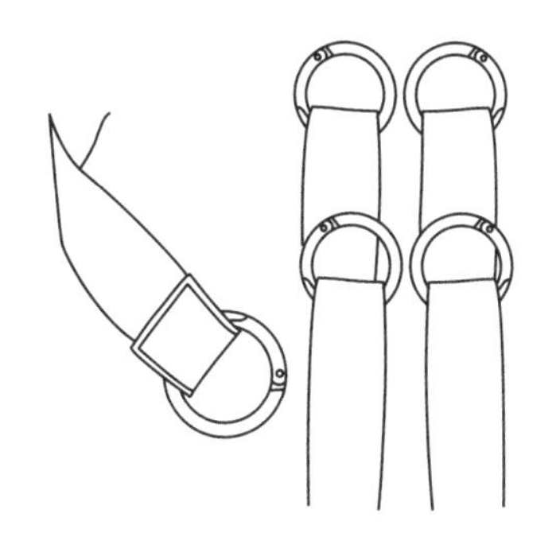

13 口金作法：口金表布袋身脇邊縫合，裡袋留返口，再與表布袋身正面相對組合，由返口翻出正面。

14 口布處壓縫一圈，與口金組合即完成。

P.34

MOLA 魔法化妝包

紙型C面

材料

- 粉紅色底布：約 1 尺
- 配色布 2 色
- 裡布
- 繡線
- 拉鍊 20cm
- 薄膠棉

HOW TO MAKE

外加縫份 1cm，如有特別標示「已含縫份」字樣除外。

1 將圖複印於兩色花布的前布上，描圖時以珠針固定。

2 將底布依紙型外留縫份裁下，底部畫上圖案。

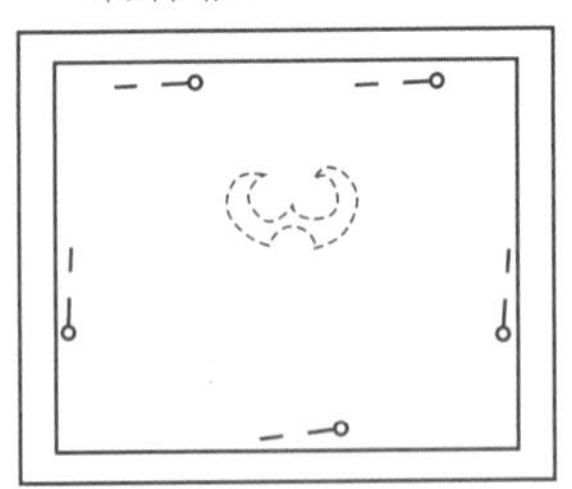

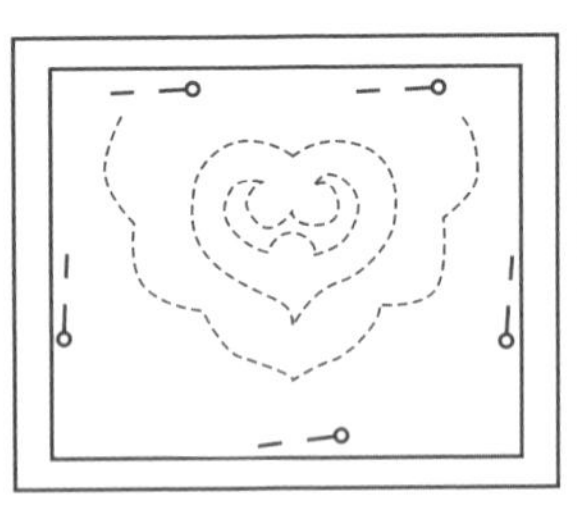

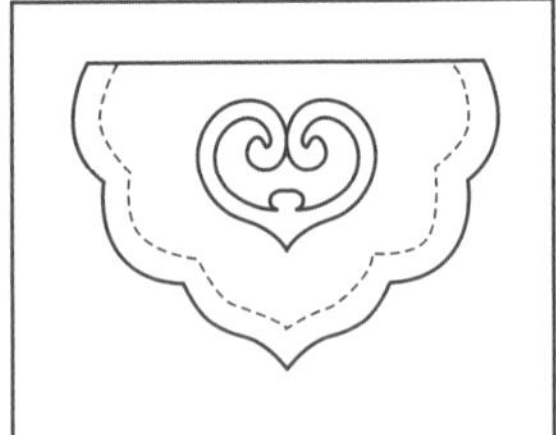

3 兩色花布挖圖案前，先將圖案外圍疏縫。

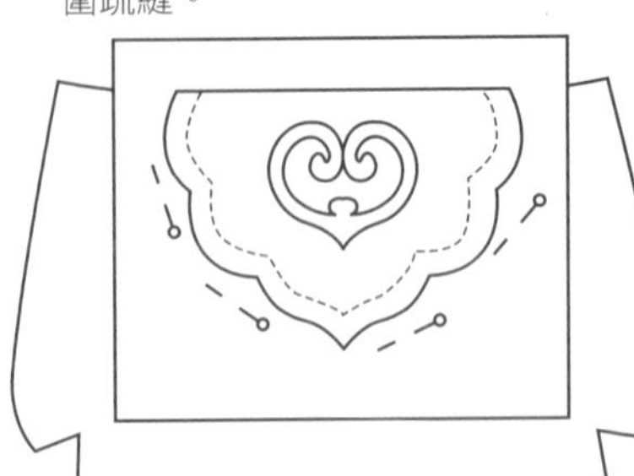

4 疏縫後進行藏針縫。

5 以藏針縫將縫好的前圖案疏縫於底布。

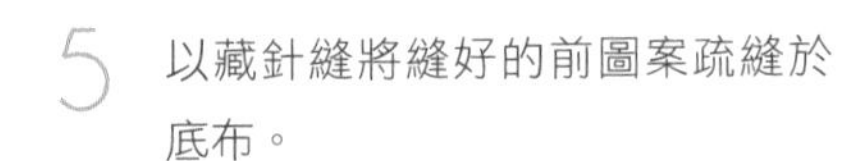

6 縫合後貼縫水滴狀的圖形。

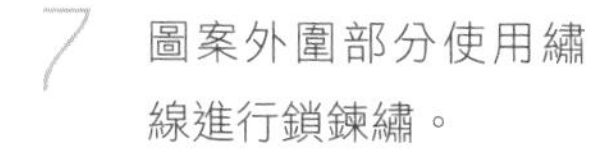

7 圖案外圍部分使用繡線進行鎖鍊繡。

8 深色部分的線條使用繡線縫回針縫，表布與棉壓線完成，表布、裡布袋底的褶一併車合。

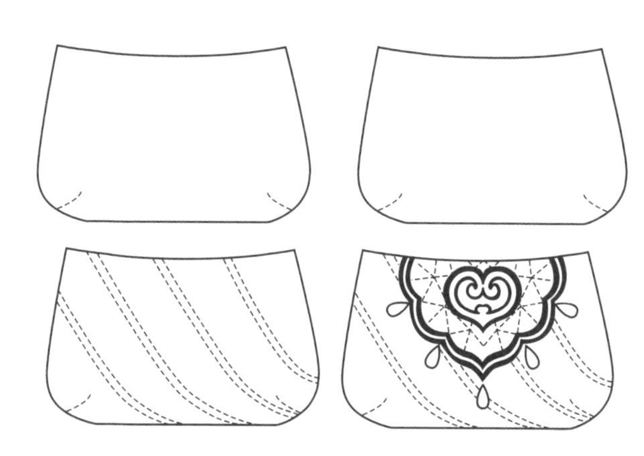

9 完成後的表布。

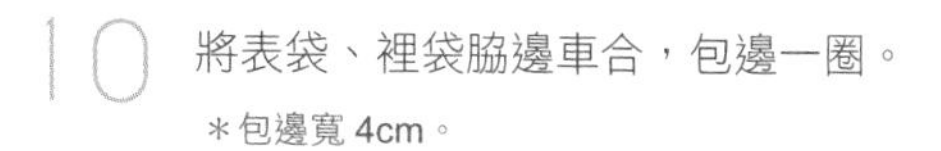

10 將表袋、裡袋脇邊車合，包邊一圈。

＊包邊寬 4cm。

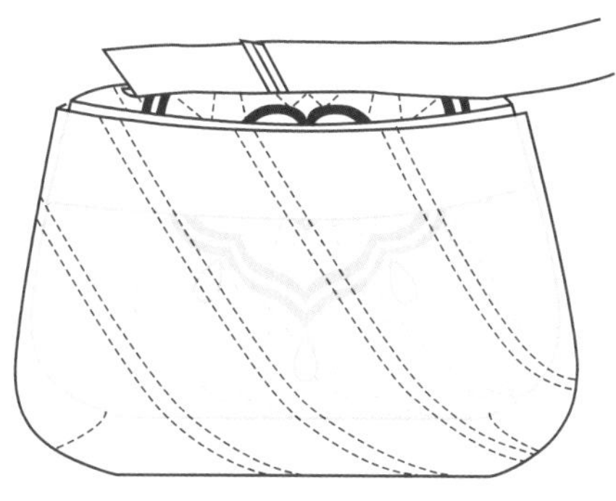

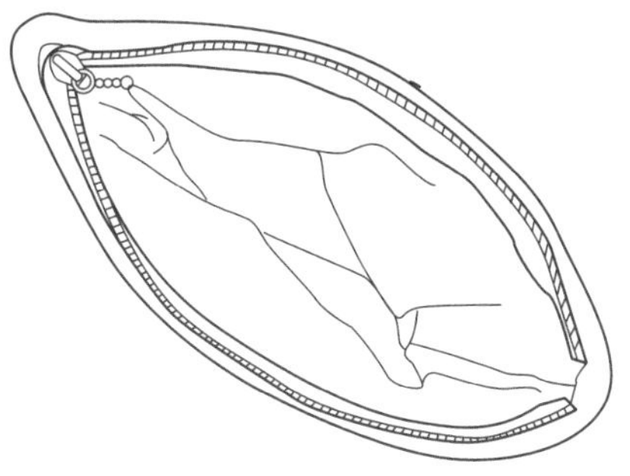

11 以藏針縫完成包邊，將拉鍊先疏縫固定，再以回針縫縫上拉鍊即完成。

P.40

長髮女孩雙層手拿包

材料

- 表布：40cm×35cm
- 頭髮用布：15cm×15cm
- 衣服用布：9cm×9cm
- 臉．手．腳用布：11cm×11cm
- 包邊布：2.5cm×70cm（斜布）
- 裡布：40cm×35cm
- 拉鍊：15cm2 條
- 皮繩（0.3mm）：70cm
- 小磁釦：1 組

紙型B面

HOW TO MAKE

外加縫份 1cm，如有特別標示「已含縫份」字樣除外。

1 裁四片表布，其中一片依紙型圖案以貼布縫縫上，再舖棉壓線。

2 2.5cm 斜布條，0.3mm 皮繩滾邊條車縫完成，備用。

3 取兩片表布車縫上滾邊條，再依壓線完成的表布尺寸裁四片裡布。

（前片）

（後片）

4 吊環布 4cm×5cm，對摺再對摺。

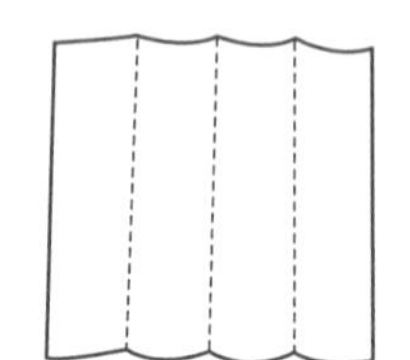

5 缺口處車縫 0.2cm 備用。

6 取另外兩片表布，沒車縫滾邊條的兩片面對面車縫凵形。

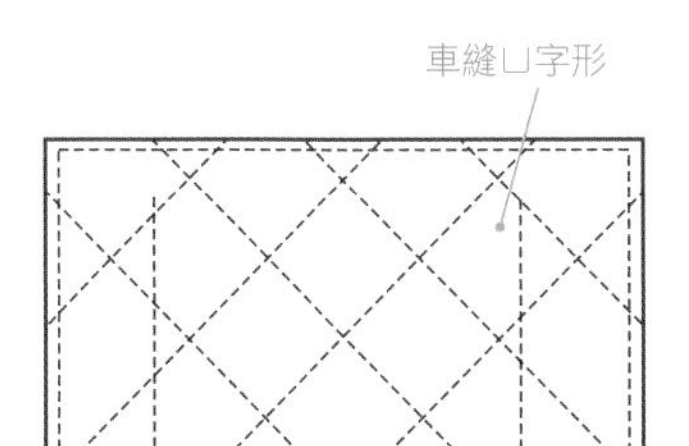

7 內面圖。

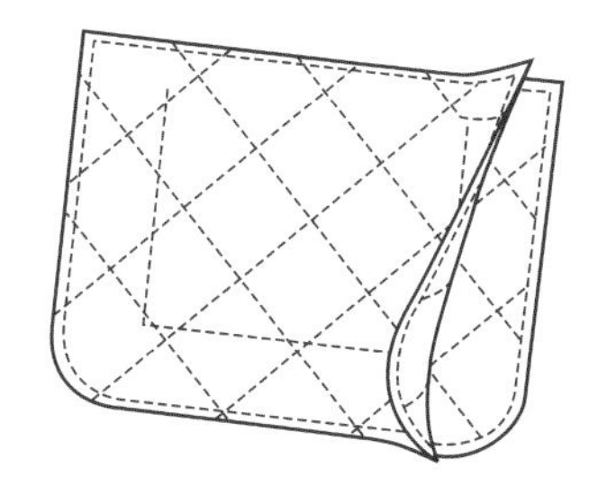

8 再取任一片表布與一片正面對正面車縫，注意不要車縫到裡面那一片。

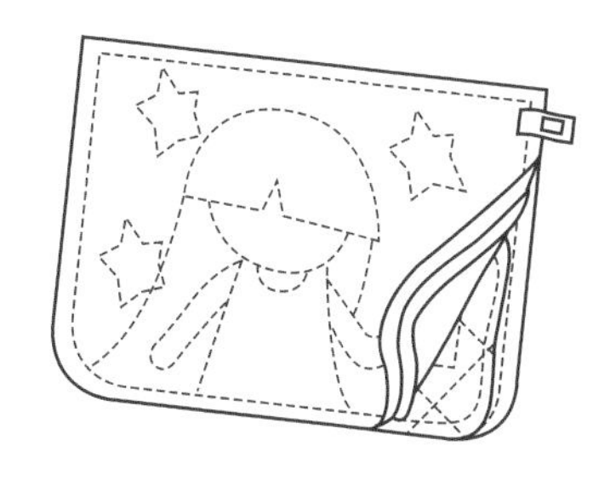

9 車縫後翻回正面，另一片作法相同。

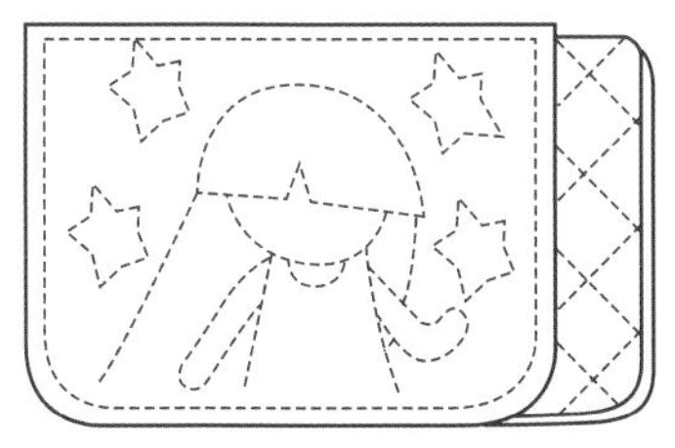

10 正面對正面。

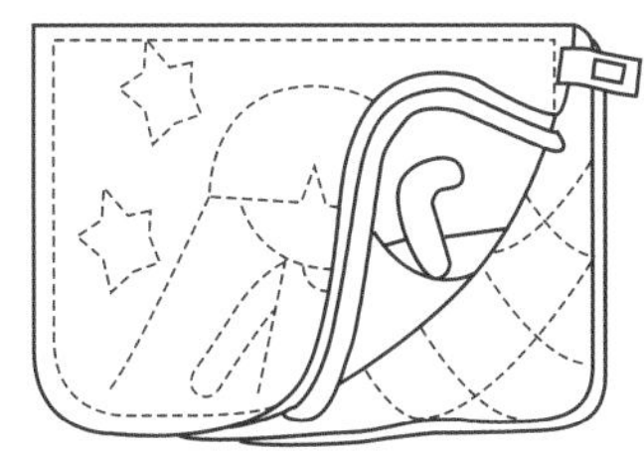

11 注意不要車縫到另一個袋子，此時也一起放入D型環。

12 再翻回正面。

13 完成兩個車縫在一起的袋子。

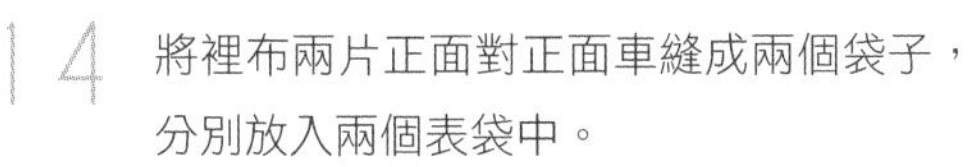

14 將裡布兩片正面對正面車縫成兩個袋子，分別放入兩個表袋中。

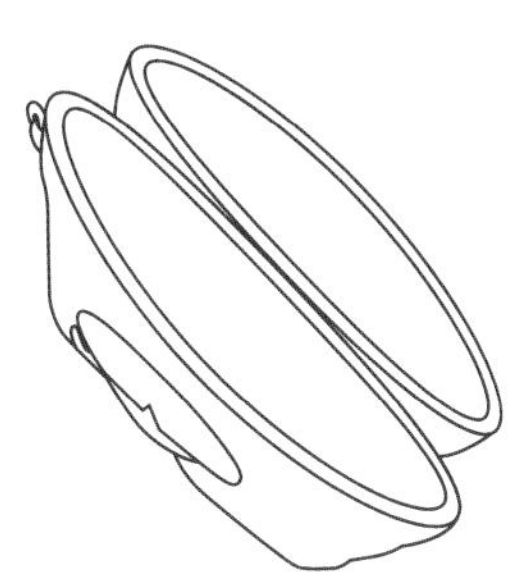

15 袋口處分別以4cm斜布條包邊，縫上拉鍊後即完成。

P.42

仙人掌小女孩提包

材料

- 袋身：30cm×65cm
- 底：15cm×85cm
- 包邊布條：4cm×60cm
- 頭髮：7cm×15cm
- 臉：8cm×8cm
- 鞋子：4cm×4cm
- 衣服：22cm×12cm
- 圍裙：16cm×10cm
- 表布拉鍊：25cm
- 裡布拉鍊 :15cm
- 仙人掌盆子：12cm×7cm
- 愛心皮片：1 組
- 仙人掌大：6cm×7cm
  中：5cm×4cm
  小：3cm×4cm
  特小：2cm×3cm
- 塑膠拉鍊（咖啡）：25cm

HOW TO MAKE

外加縫份 1cm，如有特別標示「已含縫份」字樣除外。

1 裁剪布片需留 0.7cm 縫份，依紙型先將圖案以貼布縫縫上。

2 鋪棉壓線，每個圖案旁邊需進行落針壓縫，落針壓縫位置則為圖案邊 0.1 至 0.2cm 之處。

3 依壓線完的袋身、底，剪下裡布並製作內口袋。

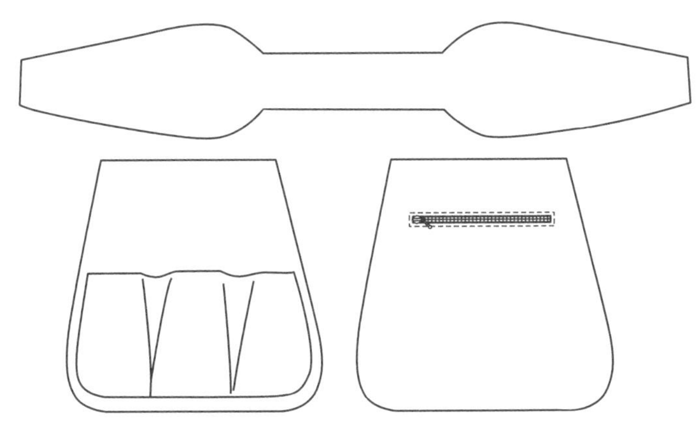

4 把袋身與底組合成一袋型，在袋身找中心點，底也一樣，以珠針固定後車縫。表袋與裡袋各完成一個袋型。

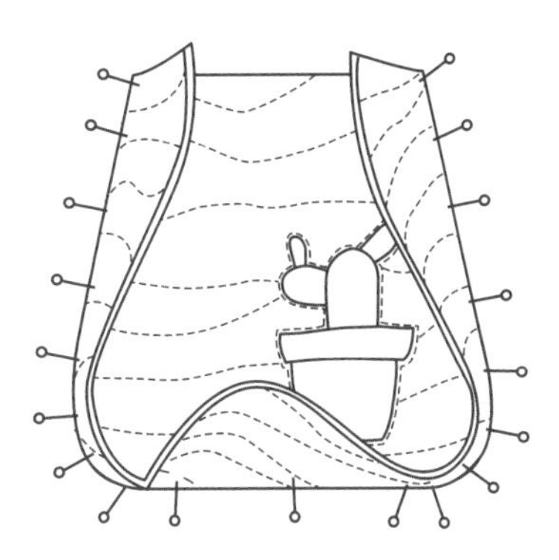

5 將兩個袋身正面相對套放一起，袋口處先車上一圈固定縫份 0.5cm。

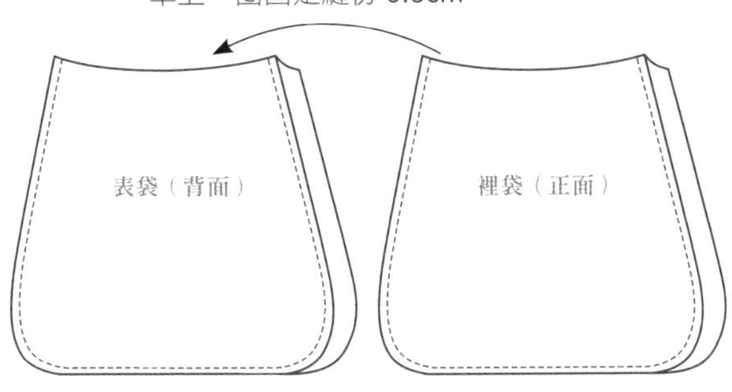

6 最後袋口處包邊縫上拉鍊及提把。

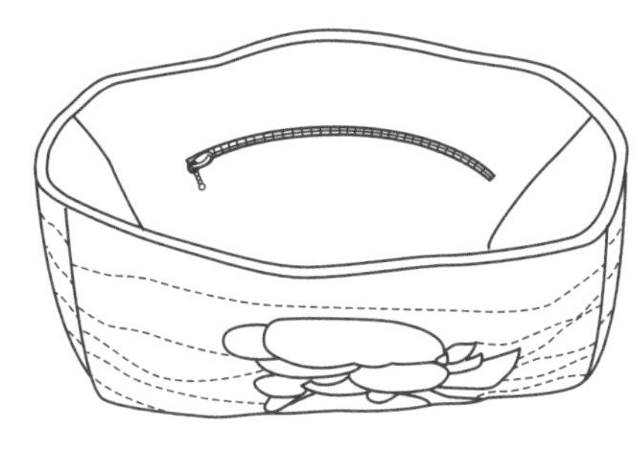

7 完成。

P.44

祈願天使手提包

紙型C面

材料

- 表布：40cm×75cm（每色各 1 片）
- 裡布：2 尺
- 帽子：13cm×13cm
- 衣服．袖子用布：16cm×14cm
- 腰帶．帽子用布：10cm×10cm
- 圍裙．蝴蝶結用布：13cm×13cm
- 臉．手．腳用布：10cm×10cm
- 屋子．屋頂用布：（大）12cm×12cm（上）
  ：（小）8cm×9cm（上）
  ：（下層）10cm×12cm
- 房子用布：12cm×20cm
- 窗戶用布：（大）4cm×4cm（小）3×3cm
- 門用布：10×6cm
- 裡布拉鍊：15cm
- 磁釦：1 組

HOW TO MAKE

外加縫份 1cm，如有特別標示「已含縫份」字樣除外。

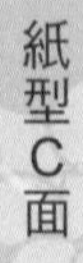

裁兩片表布各一個顏色，貼邊布兩片、蓋子兩片，作貼布縫。

2 將袋身鋪棉壓線，圖案旁落針壓，再壓袋身，蓋子一片壓線。
參考紙型剪下裡布與貼邊布。

3 袋蓋壓線完成，與另一片正面對正面車縫夾口處，留返口翻回正面。

4 與貼邊布加裡布夾車車縫，找出中心點。袋身先車兩側，底部打角即成袋子，畫上人物表情。

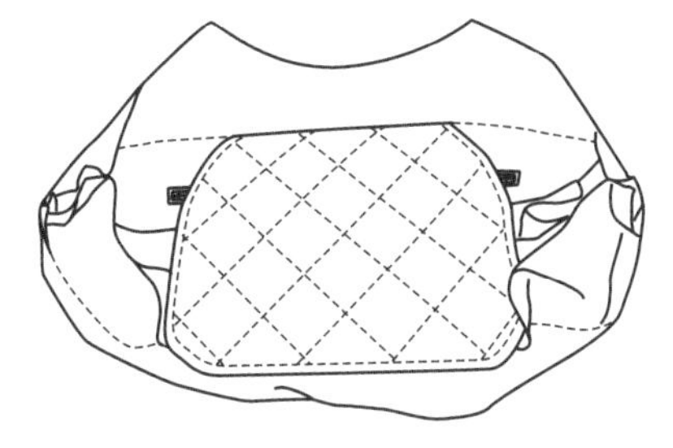

5 背面圖。

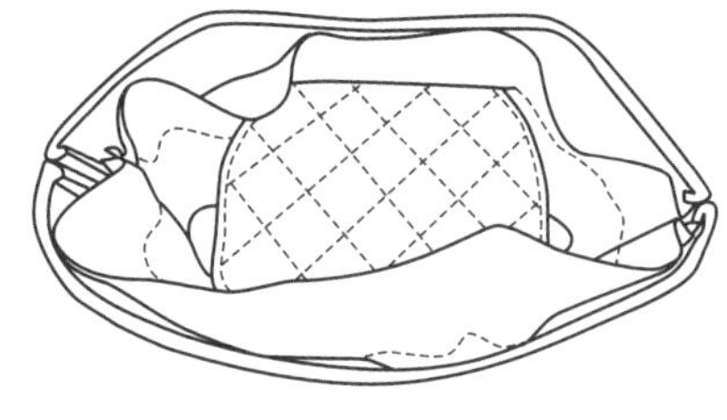

6 將裡袋與表袋正面對正面套入，袋口處車縫一圈，再從裡布返口處翻回正面。

7 翻回正面袋口處，正面車壓一圈，縫上提把，縫提把時，先找出袋子的中心點再縫上，這樣較好縫。

P.32

刺繡口金手拿包

材料

- 表布黑色底布約 1 尺
- 裡布約 1 尺
- 薄膠棉
- 日製金蔥線
- medera 金蔥線
- 骨董珠
- 御幸珠
- 15cm 一字型口金
- 8cm 口金（P.33 小口金）
- 緞帶針

紙型C面

HOW TO MAKE

外加縫份 1cm，如有特別標示「已含縫份」字樣除外。

1 表布、裡布留縫份裁下，棉不留縫份，底布圖案複印後，將棉和底布燙好。

2 葉子部分使用金蔥線，進行葉形繡。梗的部分以輪廓繡完成。

3 以金蔥線沿著布料的線條打格子，以骨董珠固定於線格上。

4 剪下另一片袋身與底鋪棉壓線。另兩片如上述作法製作。

5 完成後的表布與裡布正面相對縫合留返口，自返口處翻出。

6 完成前片及後片各兩片，返口處以對針縫收口。

7 將後片板型凵型的部分描繪於後片裡布表面。兩片後片正面相對車縫凵型部分。

8 車合後，固定後片其中一片，與前片正面相對，於前片口處下方 1cm 以珠針固定。

9 進行捲針縫，記得縫表布，外翻時才不會看到裡布，另一邊作法相同。

10 口金部分以回針縫縫合即完成。

P.45

圍巾女孩提包

紙型C面

材料

- 表布：31cm×80cm
- 底：15cm×35cm
- 帽子用布：11cm×9cm
- 衣服・袖子用布：20cm×15cm
- 圍巾用布：15cm×10cm
- 臉・手・腳用布：12cm×10cm
- 鞋子用布：15cm×8cm
- 裡布：2尺
- 表袋拉鍊：35cm

HOW TO MAKE

外加縫份1cm，如有特別標示「已含縫份」字樣除外。

1 裁袋身兩片、底一片留0.7cm縫份，完成娃娃貼布。

2 鋪棉壓線，可依個人喜好，壓線圖案旁落針壓線，再依此大小剪裡布。

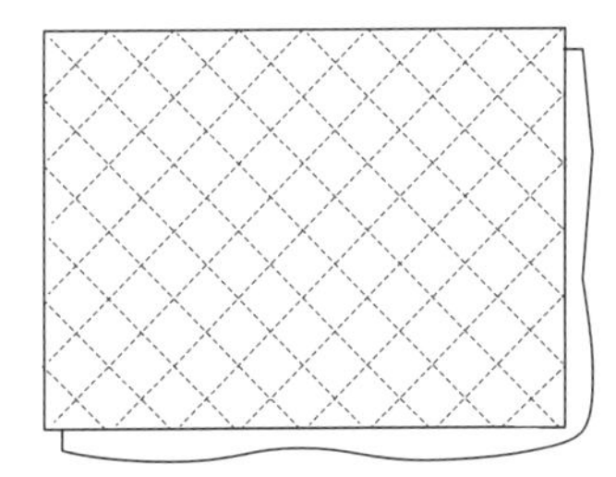

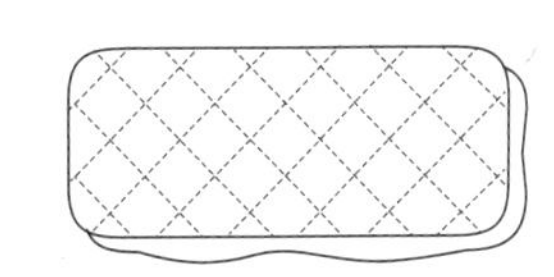

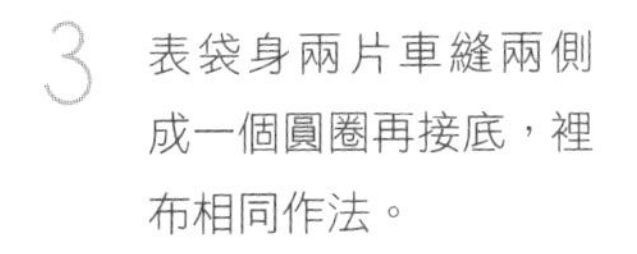

3 表袋身兩片車縫兩側成一個圓圈再接底，裡布相同作法。

4 將裡布套入袋身，袋口處使用4cm斜布條包邊。

5 畫上表情，縫上提把即完成。

P.46

微笑女孩手提包

紙型C面

材料

- 包邊布：40cm×55cm
- 前口袋下片：25cm×25cm
- 表袋：45cm×110cm
- 帽子用布：8cm×6cm
- 衣服用布：11cm×10cm
- 下領用布：4cm×3cm
- 領子用布：5cm×3cm
- 鞋子用布：4cm×5cm
- 身體用布：7cm×12cm
- 外口布拉鍊：35cm
- 塑膠拉鍊：（卡其）35cm
- 拉鍊尾皮片：愛心（咖啡）1組
- 前口袋拉鍊：20cm
- 裡口袋拉鍊：15cm
- 裡布：3尺
- 皮繩：50cm
- 拉鍊片：1片

HOW TO MAKE

外加縫份1cm，如有特別標示「已含縫份」字樣除外。

1 裁下所需布料，進行貼布縫，需留縫份0.7cm，縫拉鍊處則不留。

2 將每一片舖棉壓線，娃娃畫上表情，將袋口拉鍊處加裡布包邊。

3 包邊完成後，縫上拉鍊，拉鍊要對齊包邊，盡量不要拉起來不密合。

4 前口袋加上裡布後四周車縫固定。

5 縫完拉鍊，剪一片相同大小裡布，正面相對車縫固定。

6 裁斜布條 2.5cm，皮繩車縫包邊。

7 將包邊條車縫上前口袋兩側，請注意位置。

8 再車縫左右兩片。

9 完成三片，依此大小裁裡布，袋身兩片、底一片，內口袋依個人喜好製作。

10 將裡布與表布袋身、底固定車縫一圈縫份 0.5cm 組合成一個袋型。

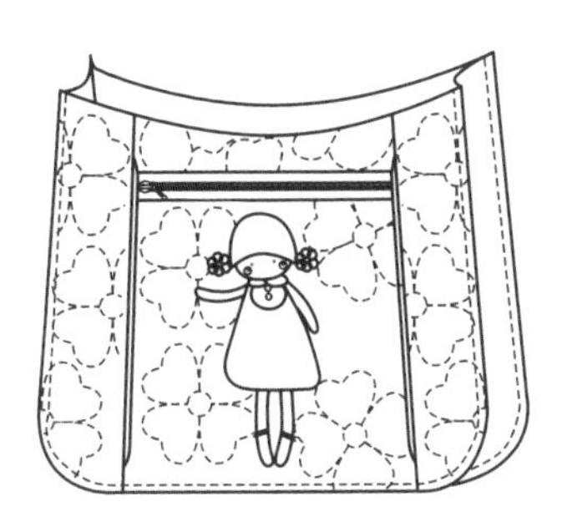

11 準備 4cm 斜布條，先將袋身外包邊，最後再包袋口。

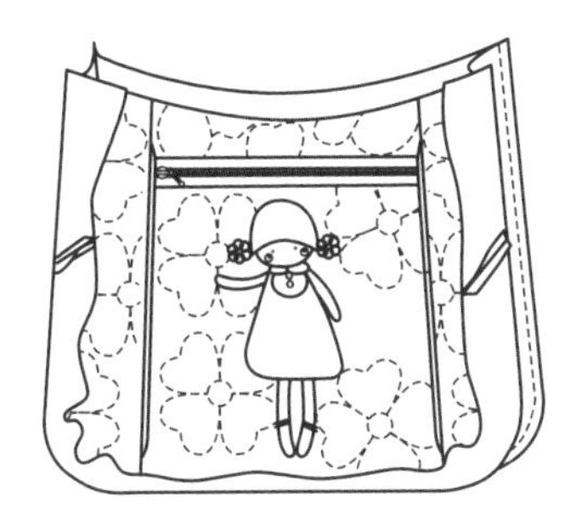

12 拉鍊口布裁 2 片裡布、2 片表布，各燙上厚襯。(厚襯不加縫份)

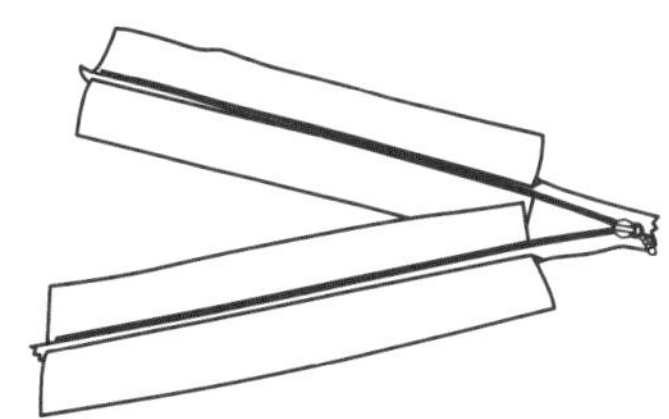

13 拉鍊表布利用雙面膠貼上，背面貼上裡布。

14 如圖，前頭 1cm 處開始貼，剩餘留後面。

15 後面摺 0.7cm 往前車縫，再車前面如圖箭頭處，請從背面車縫摺起處，才不會外翻，再翻回正面，整燙平整。

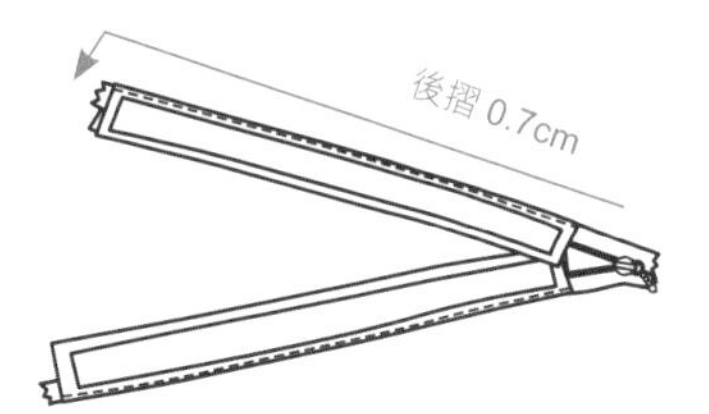

16 後面再壓 0.2cm，將開口處車縫上。

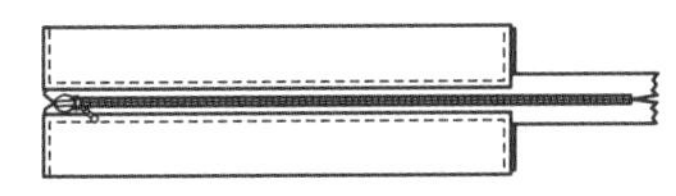

17 將拉鍊與袋身找出中心點，車縫固定，最後袋口與拉鍊口布一起包邊，縫上提把。

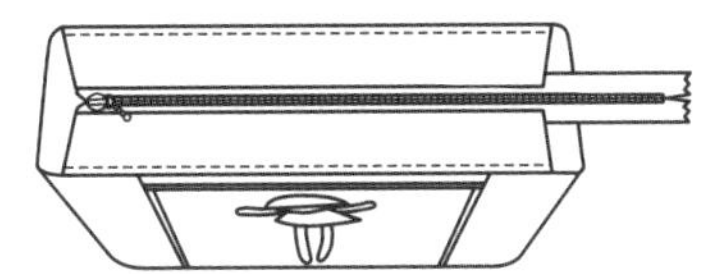

18 完成。

P.48

蝴蝶女孩側背包

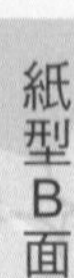
紙型B面

材料

- 袋身拼貼用布：1 號 :16cm×35cm
  2 號 :25cm×33cm
  3 號 :30cm×55cm
  4 號 :35cm×20cm
- 底．拉鍊口布：50cm×16cm
- 蓋子：1 號 :21cm×22cm
- 包邊布：4cm×130cm
- 拉鍊片：1 片
- 裡布：50cm×110cm
- 裡布拉鍊：15cm
- 袋身拉鍊：25cm

HOW TO MAKE

外加縫份 1cm，如有特別標示「已含縫份」字樣除外。

1 依紙型裁布，外加縫份。

2 分別於兩側拼接，再將中心線車上。

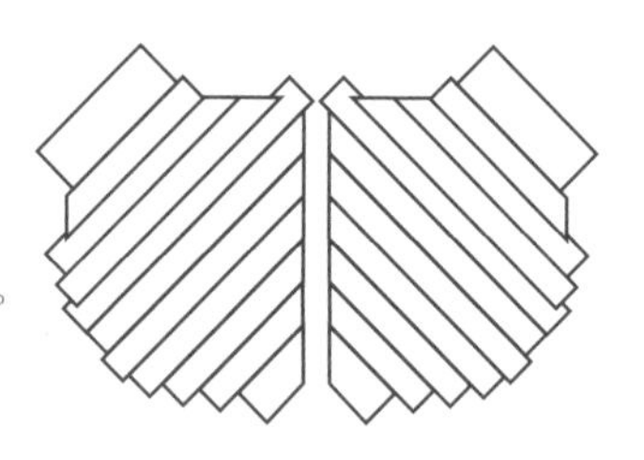

3 車縫中心線，將多餘的部份修剪掉，以相同作法作兩片。

4 裁表布所需布片。

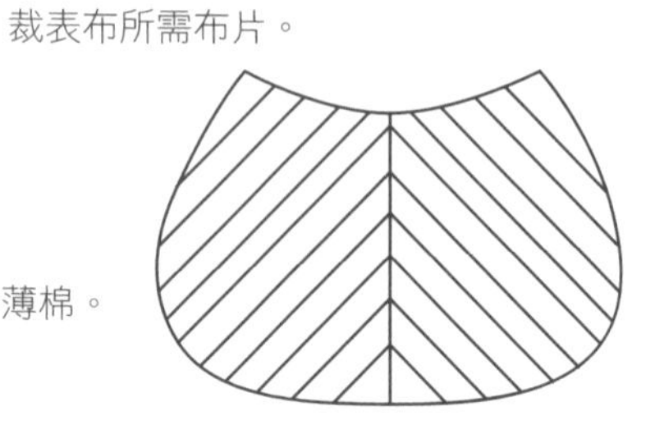

5 蝴蝶結的布片注意一片正向，一片 45° 角剪裁。

6 蝴蝶結布片大小各兩片，一片需加特薄棉。

7 鋪棉壓線。

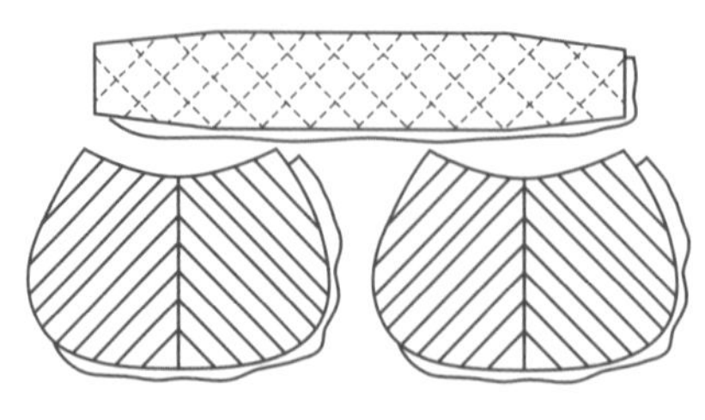

8 裁與表袋相同尺寸的裡布。

9 製作口袋，開拉鍊。

10 車上拉鍊，口袋調整。

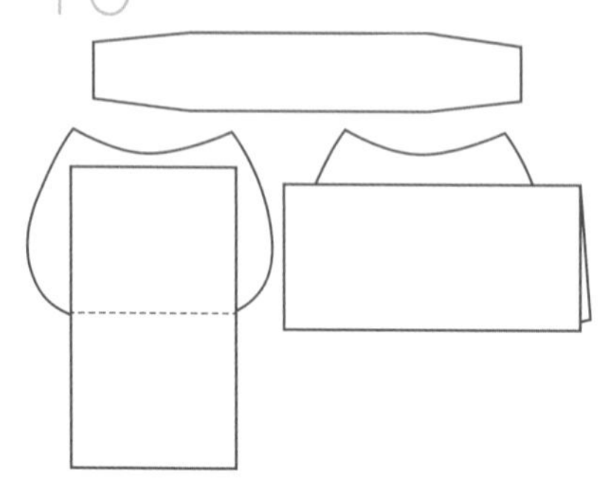

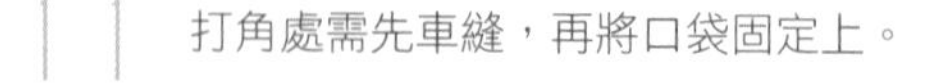
11 打角處需先車縫，再將口袋固定上。

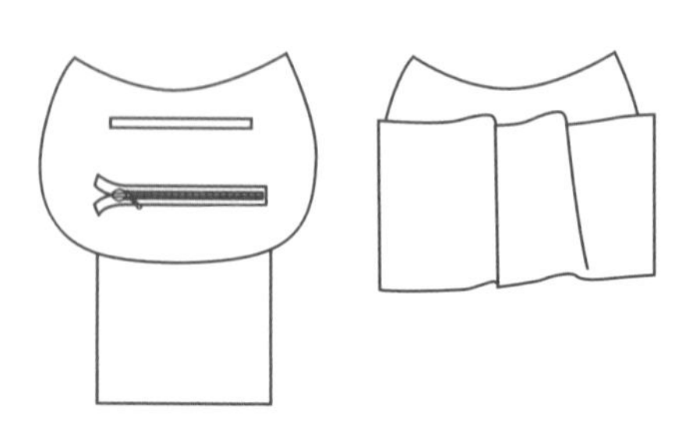

12 與底組合成一個袋型。

13 蓋子鋪棉壓線，剪下一片尺寸一樣的裡布。

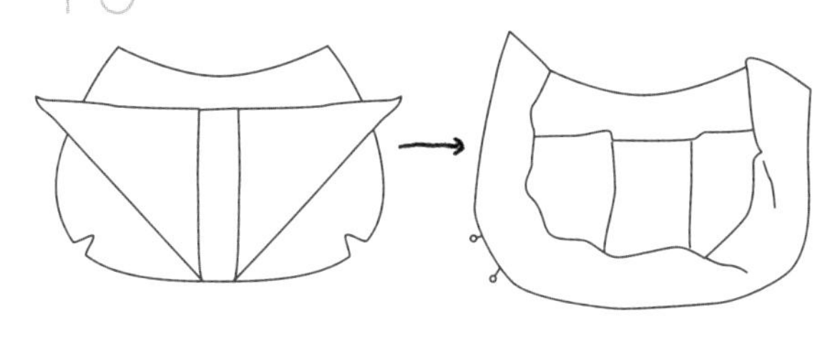

14 剪下拉鍊口布表布、裡布各兩片，燙上厚布襯夾車拉鍊。

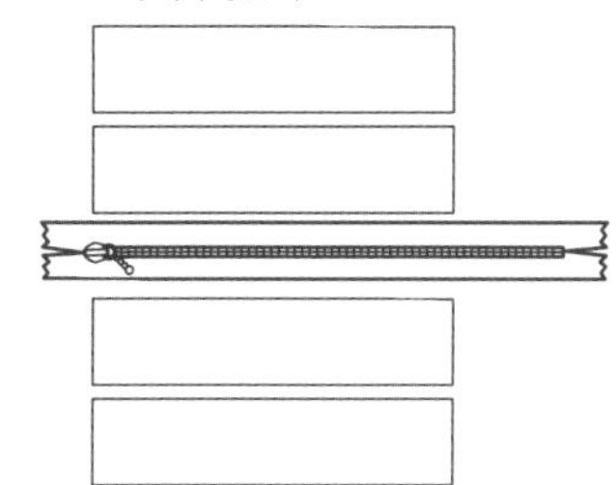

15 夾車圖，表布放拉鍊正面，裡布放拉鍊背面三片夾車縫。

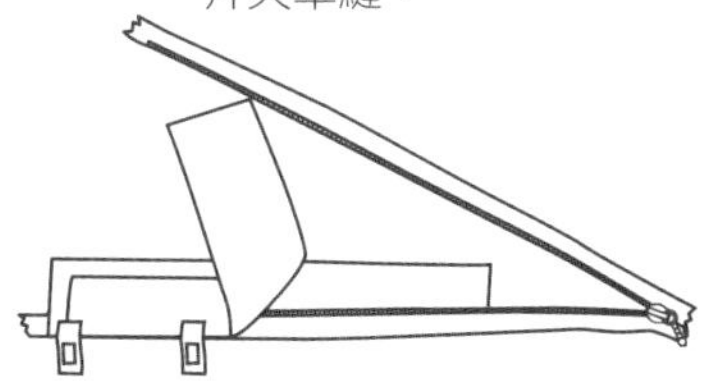

16 將表袋兩片打角縫好備用。

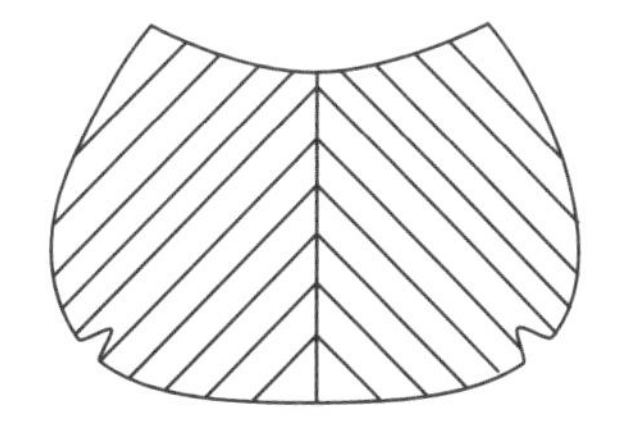

17 背面圖車縫打角。

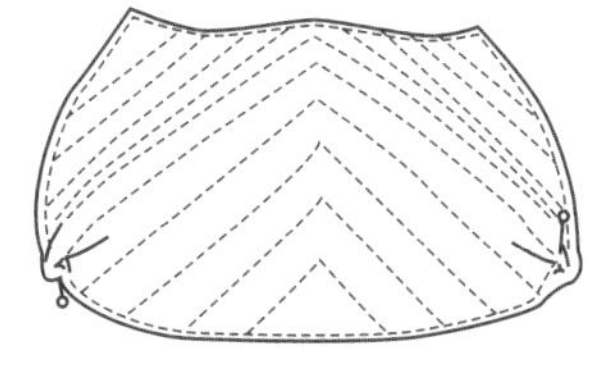

18 再與底部組合成一個袋型。

19 完成表袋、裡袋。

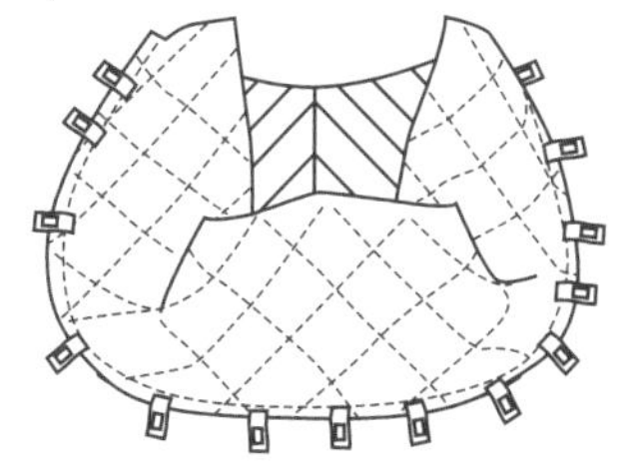

20 將裡布套入表袋，上袋口車縫固定。

21 再將拉鍊口布固定於袋口處，找出中心位置。

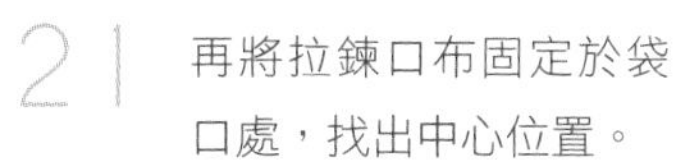

22 以 4cm 斜布條將袋口包邊縫好。

23 蝴蝶結大小正面相對各別車縫，燙上特薄棉。

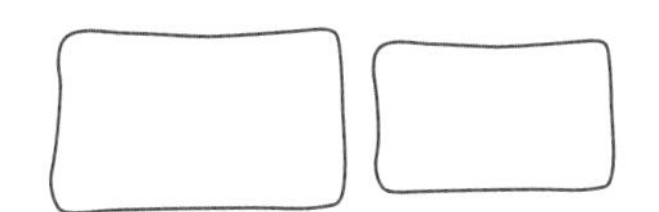

24 翻回正面重疊。

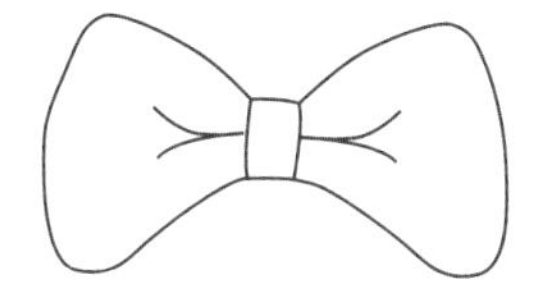

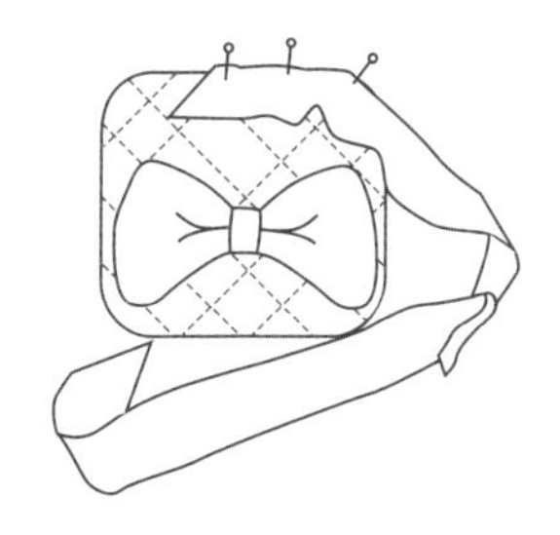

25 再將蝴蝶結束帶縫上。

26 固定於蓋子上，放上蓋子裡布一起以 4cm 斜布條包邊。

27 蓋子與袋身進行捲針縫，側邊釘上 D 型皮片，可作為側背使用。

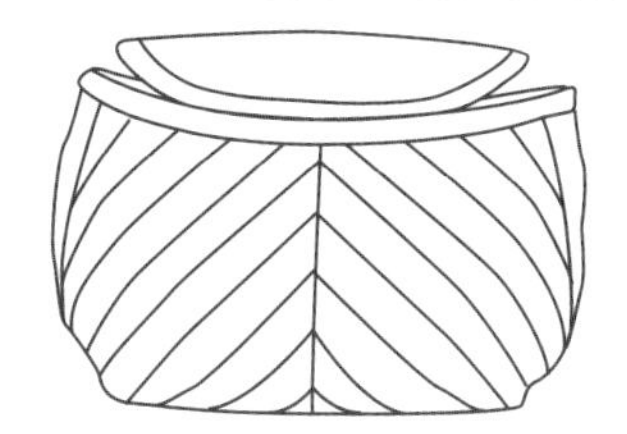

28 完成。

P.50

田園兔寶側背包

紙型B面

材料

- 前口袋：35cm×55cm
- 袋身・底・拉鍊口布：40cm×55cm
- 包邊用布：4cm×60cm
- 前口袋山坡用布：23cm×8cm
- 欄杆用布：15cm×15cm
- 兔子身體用布：15cm×15cm
- 兔子耳朵用布：7cm×7cm
- 表袋拉鍊：25cm
- 裡布拉鍊：10cm
- 磁釦：1 組
- 棉花：少許
- D 型環：1.5cm 2 個
- 側邊皮片：2 個
- 裡布：35cm×110cm
- 拉鍊片：1 個

HOW TO MAKE

外加縫份 1cm，如有特別標示「已含縫份」字樣除外。

1 將圖案以貼布縫縫上，再分別鋪棉壓線。

2 剪下所需裡布。

3 製作內口袋，開拉鍊。

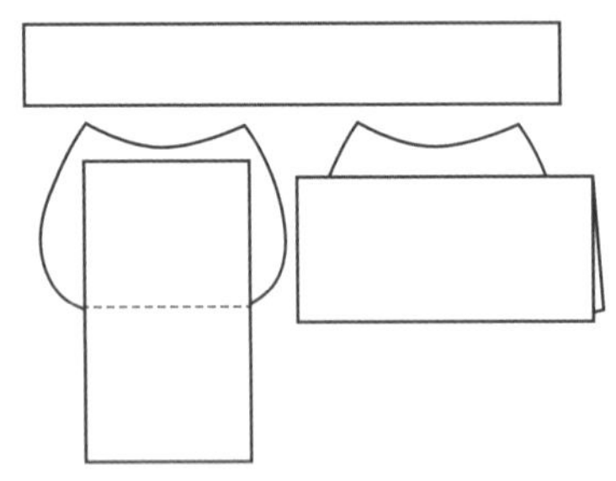

4 車上拉鍊，口袋打褶先車縫固定。

5 修剪多餘布料。

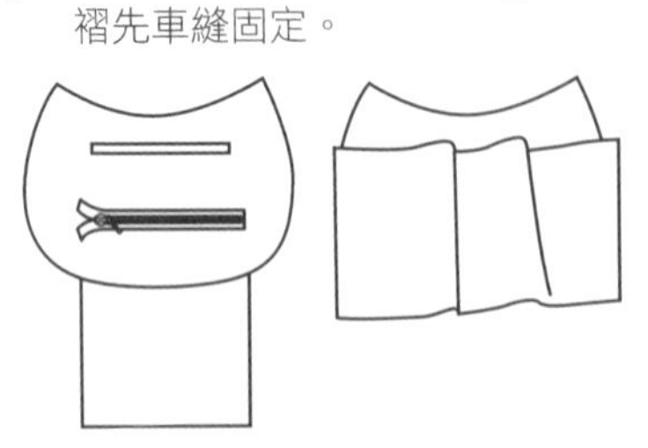

6 先將袋身兩片與底車縫完成一個袋型。

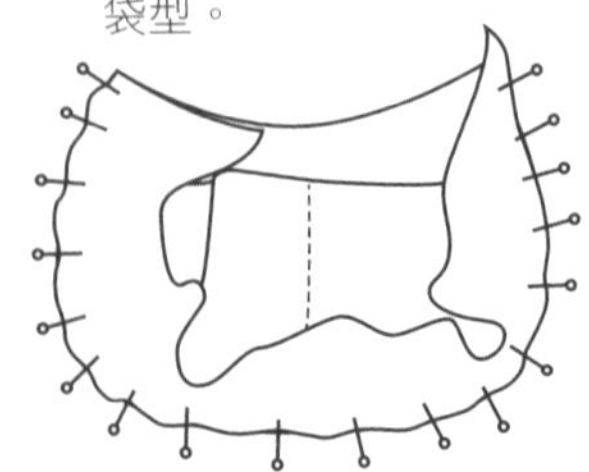

7 依紙型剪下兩片裡布，上接兩片表布，再與前口袋布組合。

8 上、下接好，即為前口袋及後口袋裡布。

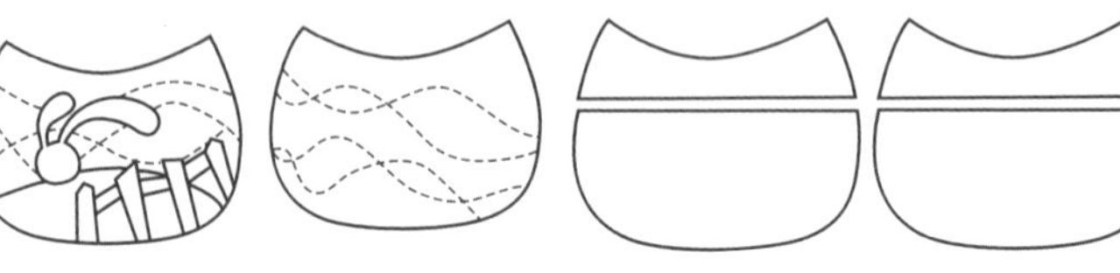

9 再與前口袋表布正面相對車縫上袋口處。

10 前口袋翻回正面，壓一道車線，固定於兩片袋身上。

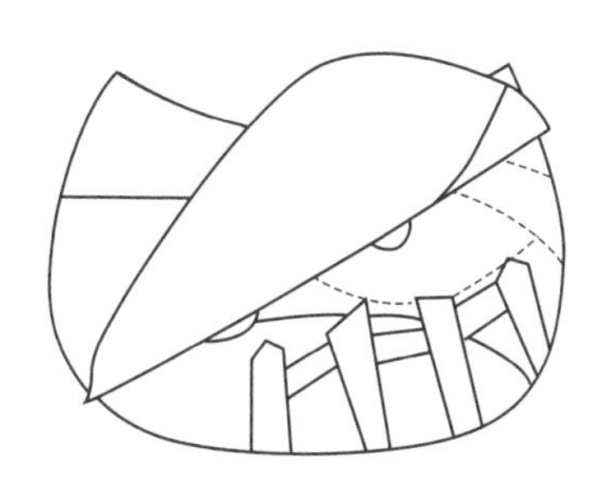

11 與底組合成一個袋子。

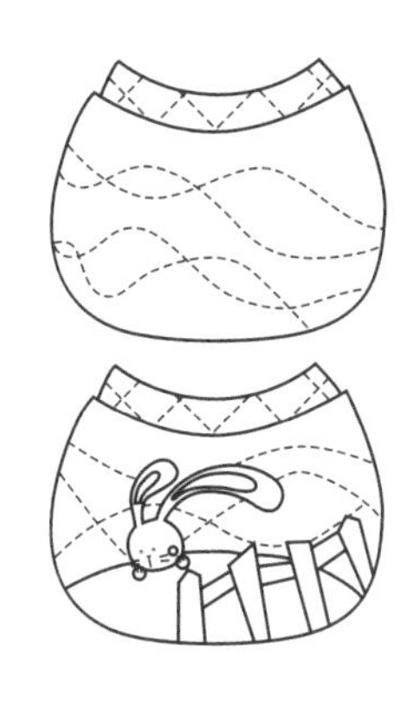

12 完成表袋與裡袋。

13 將裡布放入袋身中，上口袋處車縫固定。

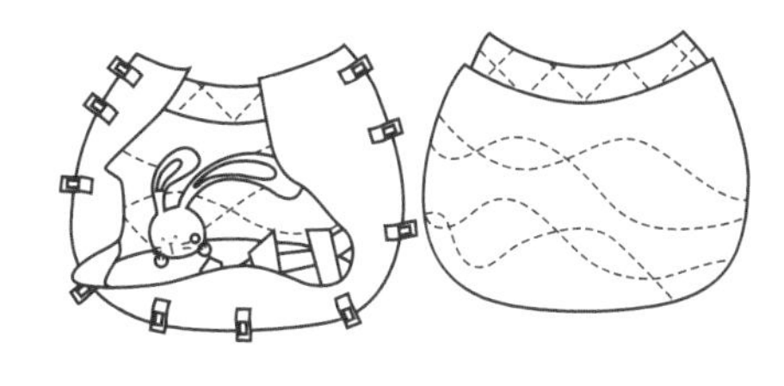

14 剪表布、裡布各兩片拉鍊口布，燙上厚布襯。

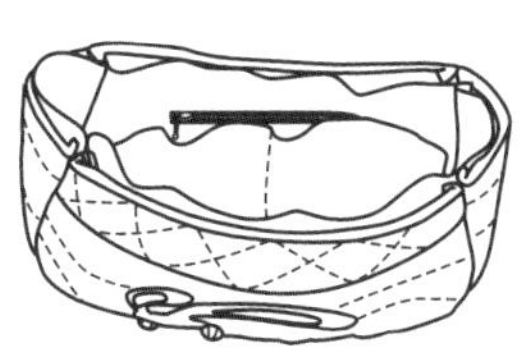

15 夾車拉鍊，從頭對齊。

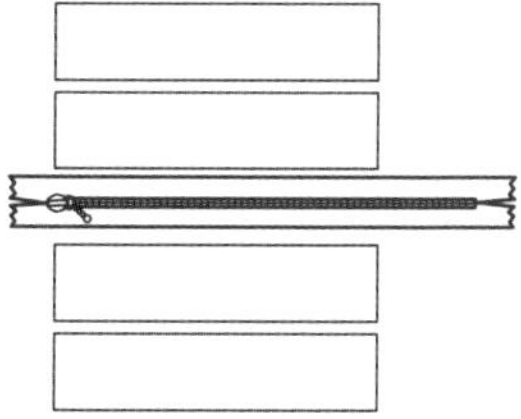

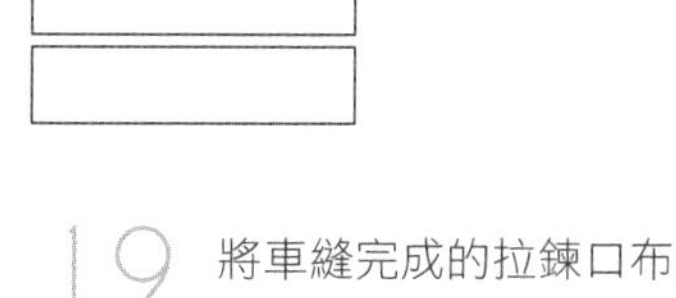

16 後面摺 0.7cm，往前車縫。

17 翻回正面，後面壓縫 0.2cm 位置。

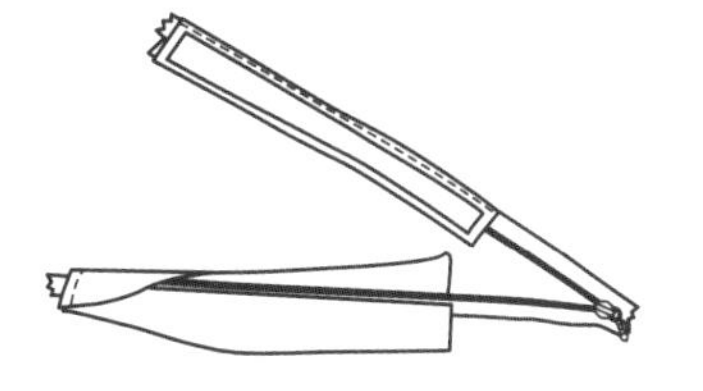

18 翻回正面，後面再車縫固定。

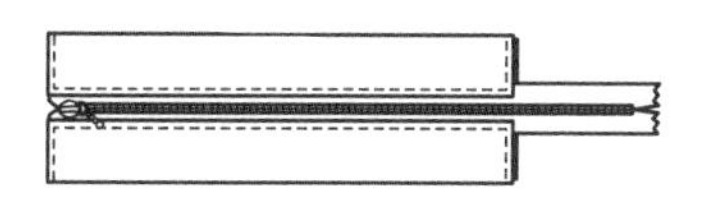

19 將車縫完成的拉鍊口布找出中心點固定於袋口。

20 以 4cm 斜布條完成包邊。

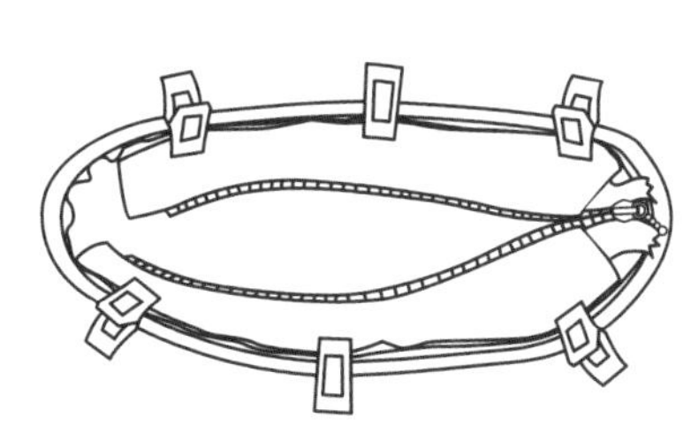

21 兩側可再以 D 型皮片固定，以便側背使用，完成。

P.52

笑笑兔寶吊飾

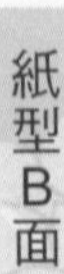

材料

- 身體用布：25cm×20cm
- 腳用布：7cm×7cm
- 領口用布：3cm×4cm
- 耳內愛心用布：4cm×6cm
- 衣服用布：13cm×12cm
- 裝飾釦：2顆

HOW TO MAKE

外加縫份 1cm，如有特別標示「已含縫份」字樣除外。

1 裁下所需布料，衣服領口處先貼縫。

2 耳朵共四片，正面對正面，將棉置於下面，車好將棉修齊剪牙口翻回正面。

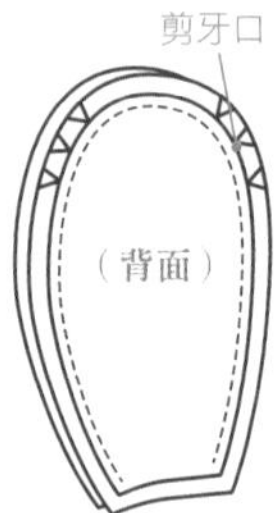

3 兩個耳朵作法相同，棉一定要使用特薄棉製作。

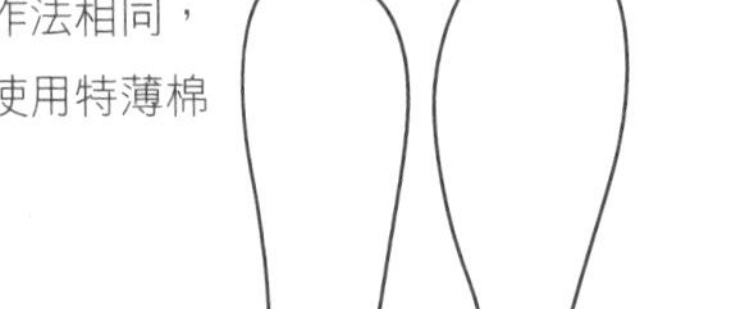
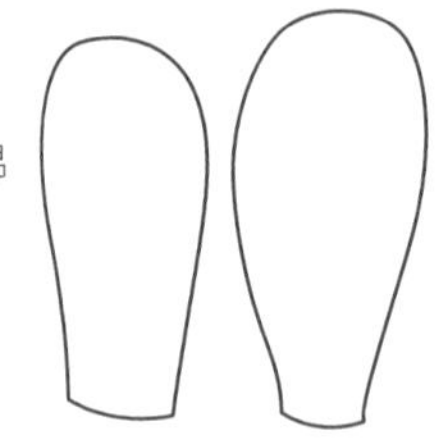

4 腳的作法與耳朵相同，兩片正面相對車縫。

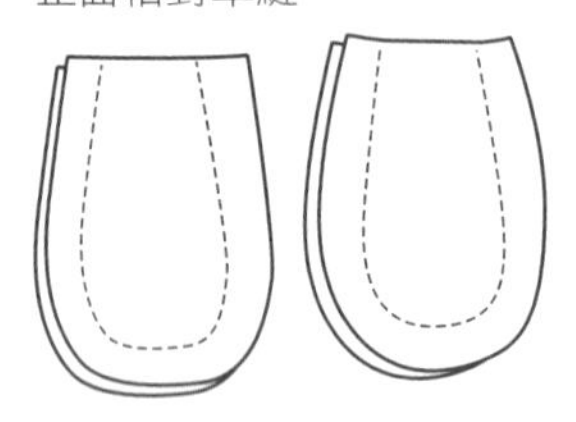

5 將棉修齊，如邊邊縫份過多可修剪一些，留 0.5cm 即可，但車縫時最好是 0.7cm，這樣較易車縫。

6 袖子與手因面積較小，所以要在布的正面畫紙型，就像製作貼布一樣，背面相對以手縫進行對針縫。

7 臉放入耳朵、皮繩，注意位置，布正面相對下方放入棉，車縫一圈留返口，自下巴處翻回正面。

8 身體作法相同，放在固定的位置車縫⊔形，由領口翻回正面，套入兔臉下巴處進行對針縫即可。

9 完成後，畫上表情。

俏皮兔寶手機袋

紙型B面

材料

- 袋身：50cm×25cm
- 腳用布：4cm×3cm
- 耳內用布：5cm×5cm
- 衣服用布：4cm×4cm
- 身體用布：17cm×10cm
- 包邊布：4cm×90cm
- 尾巴用布：直徑 2.4cm 圓
- 吊耳：4cm×5cm
- D 型環（1cm）：1 個

HOW TO MAKE

外加縫份 1cm，如有特別標示「已含縫份」字樣除外。

1 以貼布縫縫上表布圖案。

2 剪兩片布作為裡布，貼布兩片舖棉壓線，縫上尾巴，依圖形縮縫一圈，塞入棉花，固定於尾巴位置。

3 將另外兩片布與表面兩片先固定，裁 4cm 斜布條包邊，如需吊耳，也可加上 D 型環與包邊一起車縫，同時畫上表情。

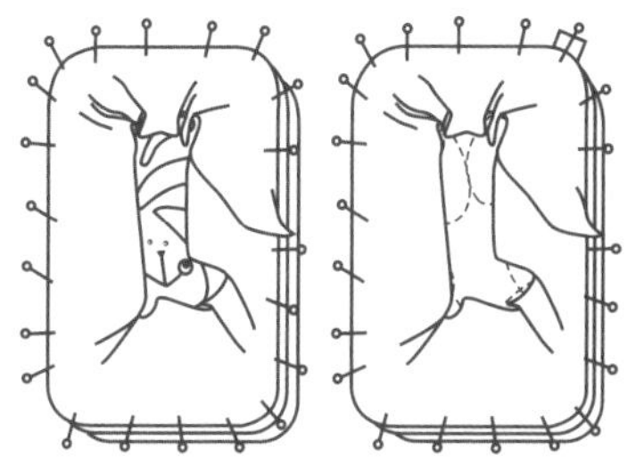

4 包邊完成。

5 於止點處將包邊完成的兩片正面相對進行捲針縫。

6 完成。

P.58

紐約風尚IP袋

紙型C面

材料

＊尺寸皆已含縫份 1cm。

- 表布（麂皮）3 色約各半尺
- 裡布 1.5 尺
- 薄布襯 1.5 尺
- 插釦：1 組（前口袋）
- 五金轉釦：1 組（袋蓋）
- 拉鍊：15cm1 條（後口袋）
- 車線
- 側背袋：織帶 5 尺 1 條
  日型環（3cm）1 個
  口型環（3cm）1 個
  織帶皮片：2 片

裁布

- 袋身：52cm（直）×24.5cm（橫）
  表布、裡布、薄布襯各 1 片
- 袋身袋蓋：22cm（直）×18cm（橫）
  表布 1 片
- 前口袋袋蓋：15cm（直）×20cm（橫）
  表布 1 片
- 前口袋：19cm（直）×30.5cm（橫）
  表布 1 片
- 後口袋：17cm（直）×24.5cm（橫）
  表布 1 片
- 裡袋立體口袋：28cm（直）×25cm（橫）
  裡布、薄布襯各 1 片

HOW TO MAKE

1 先將前口袋袋蓋正面相對摺雙，車縫 U 字形，翻正備用。

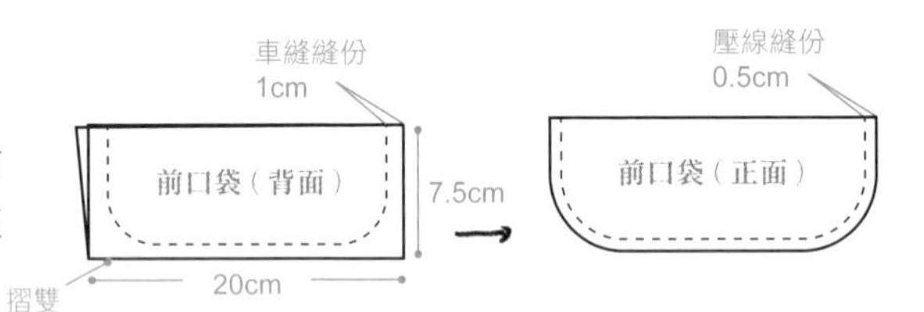

2 前口袋將上下布邊縫份往內燙摺，壓線。

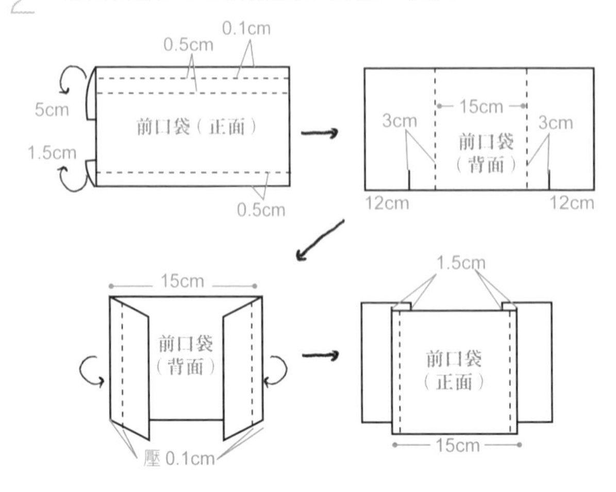

3 將前口袋及袋蓋固定於袋身，再縫上插釦備用。

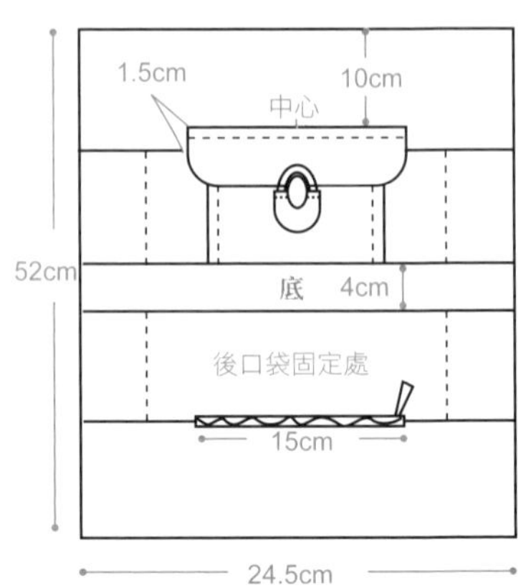

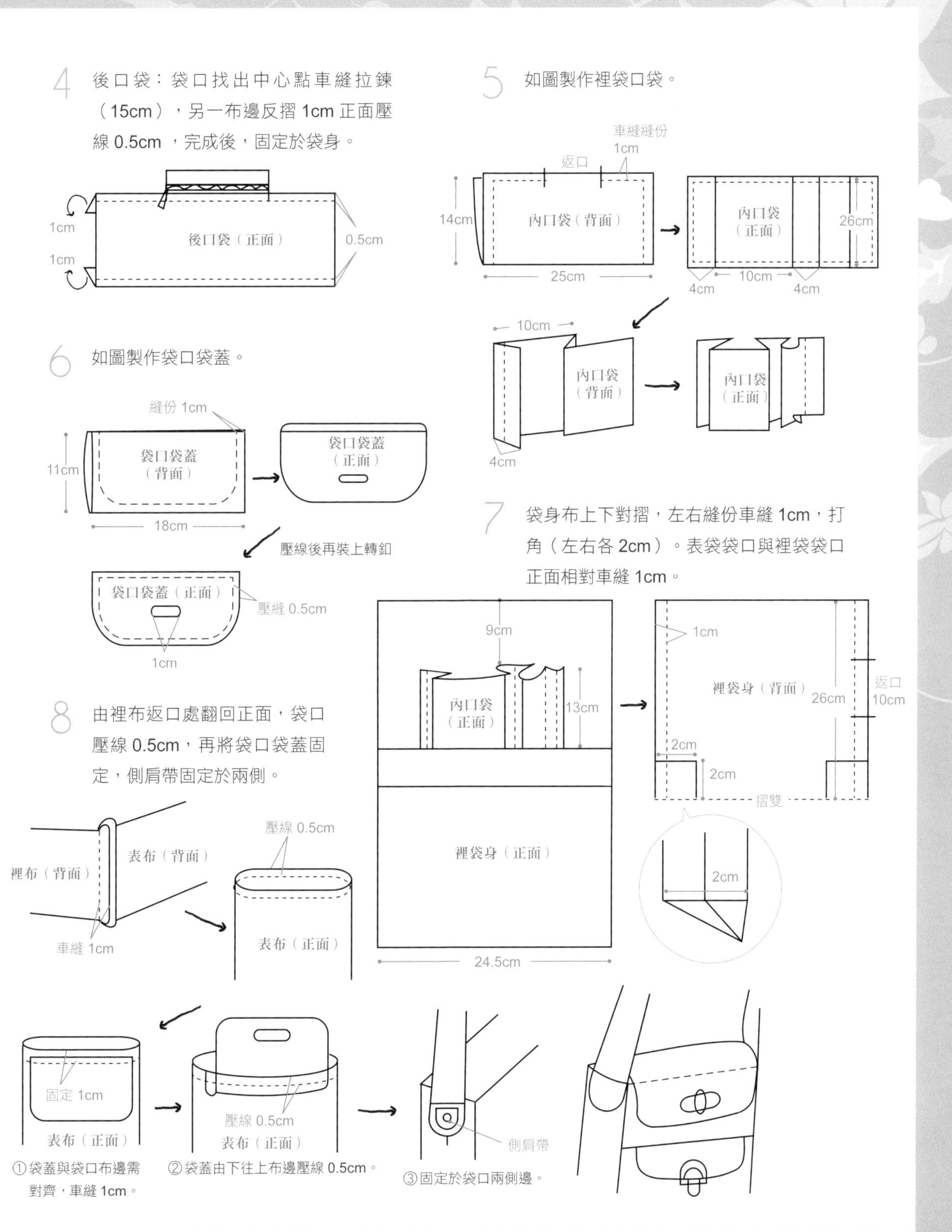
4 後口袋：袋口找出中心點車縫拉鍊（15cm），另一布邊反摺 1cm 正面壓線 0.5cm，完成後，固定於袋身。
1cm
1cm
後口袋（正面）
0.5cm
5 如圖製作裡袋口袋。
車縫縫份 1cm
返口
14cm
內口袋（背面）
25cm
內口袋（正面）
26cm
4cm
10cm
4cm
10cm
內口袋（背面）
內口袋（正面）
4cm
6 如圖製作袋口袋蓋。
縫份 1cm
11cm
袋口袋蓋（背面）
18cm
袋口袋蓋（正面）
壓線後再裝上轉釦
袋口袋蓋（正面）
壓縫 0.5cm
1cm
7 袋身布上下對摺，左右縫份車縫 1cm，打角（左右各 2cm）。表袋袋口與裡袋袋口正面相對車縫 1cm。
9cm
內口袋（正面）
13cm
裡袋身（正面）
24.5cm
1cm
裡袋身（背面）
26cm
返口 10cm
2cm
2cm
摺雙
2cm
8 由裡布返口處翻回正面，袋口壓線 0.5cm，再將袋口袋蓋固定，側肩帶固定於兩側。
裡布（背面）
表布（背面）
車縫 1cm
壓線 0.5cm
表布（正面）
固定 1cm
表布（正面）
壓線 0.5cm
表布（正面）
側肩帶
①袋蓋與袋口布邊需對齊，車縫 1cm。
②袋蓋由下往上布邊壓線 0.5cm。
③固定於袋口兩側邊。

P.60

羅馬漫遊多功能雙層袋

紙型C面

材料 ＊尺寸皆已含縫份 1cm。

- 表布（編織皮革）2 尺
  150cm 布幅寬
- 裡布 3 尺：110cm 布幅
- 挺襯 3 尺：110cm 布幅
- 拉鍊： 40cm1 條（邊條）
  15cm 1 條（後袋身）
  18cm 1 條（內口袋）。
- 流蘇吊飾 2 組
- 日型釦（3cm 寬）2 個
- 側背袋（皮革：3.5cm）1 組
- 皮釦：2 組

裁布

- 袋身：25cm（直）×32cm（橫）
  表布 2 片、裡布 4 片、挺襯 6 片
- 側邊條：8cm（直）×64cm（橫）
  表布 2 片、裡布 4 片、挺襯 4 片
- 袋身裝飾條：4.5cm（直）×32cm（橫）
  表布 1 條、薄襯 1 條
- 前立體口袋：21cm（直）×17cm（橫）
  表布 2 片、裡布 2 片、挺襯 4 片
- 拉鍊邊條：8cm（直）×42cm（橫）
  表布 2 片、裡布 2 片、挺襯 4 片

HOW TO MAKE

1 袋身表布兩個拉鍊立體口袋作好備用。

①表布與裡布正面相對車縫拉鍊位置。

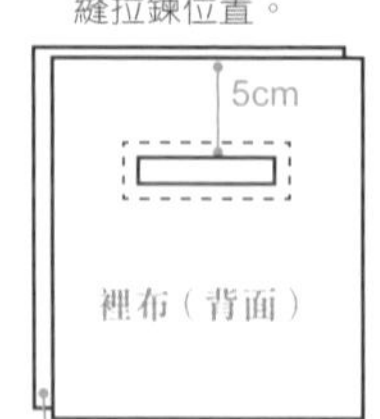

②表布翻回正面後，再將拉鍊固定於裡布正面（拉鍊反面朝上）。

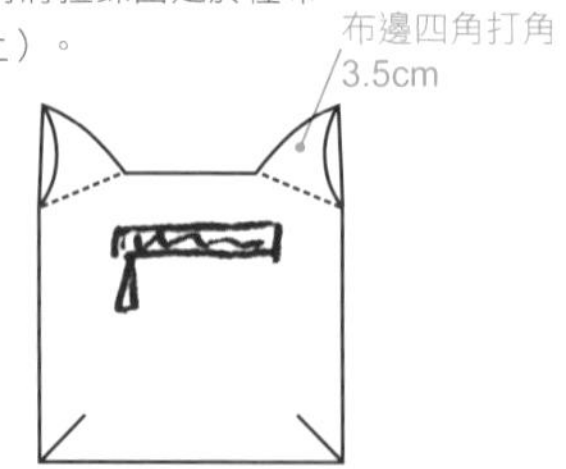

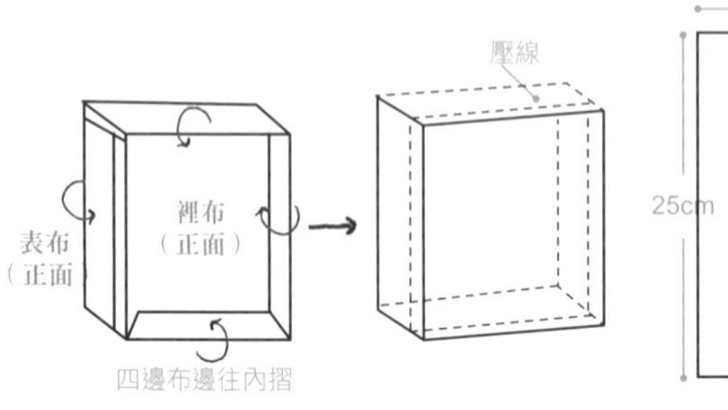

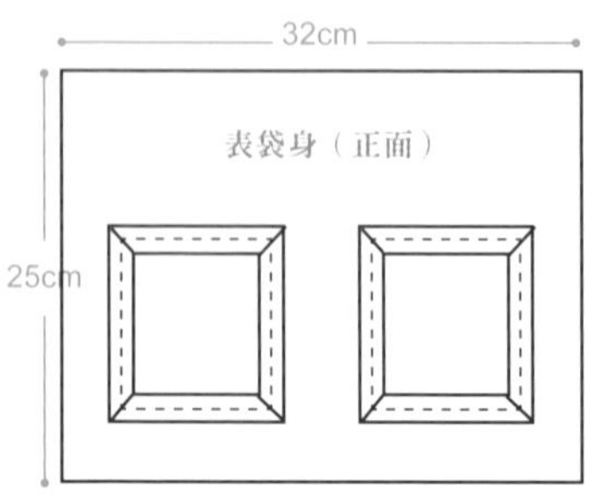

2 前袋身裝飾條：將日型環穿入布條，位置如圖示。

3 內口袋位置及尺寸：

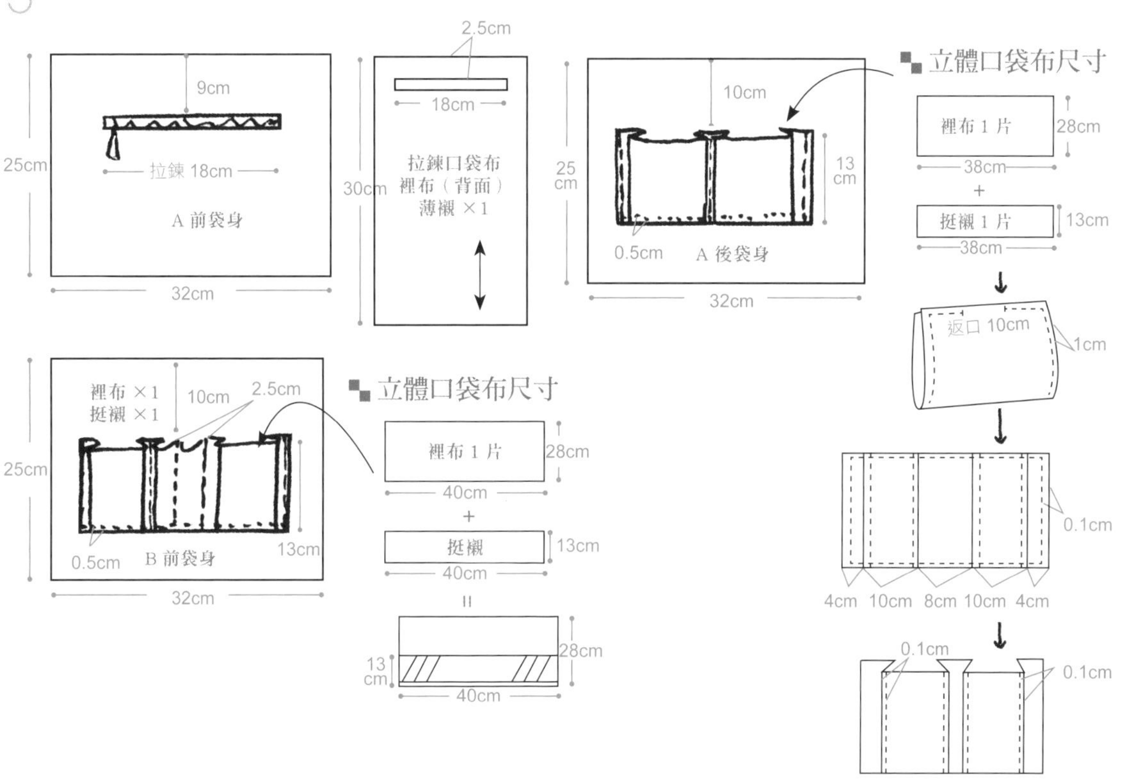

4 表布後袋身拉鍊口袋位置：

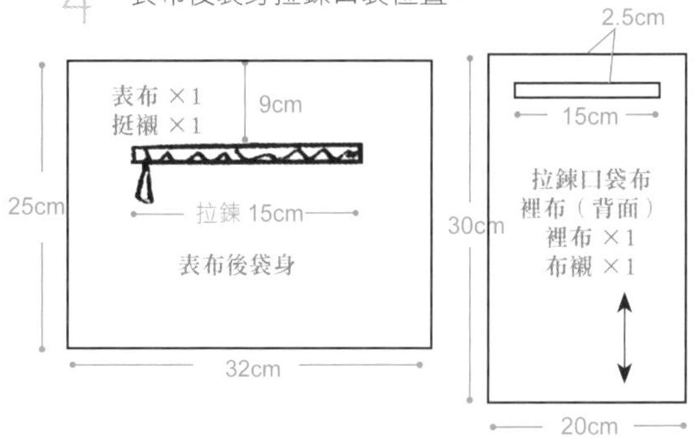

5 表布前袋身裝飾條固定位置：

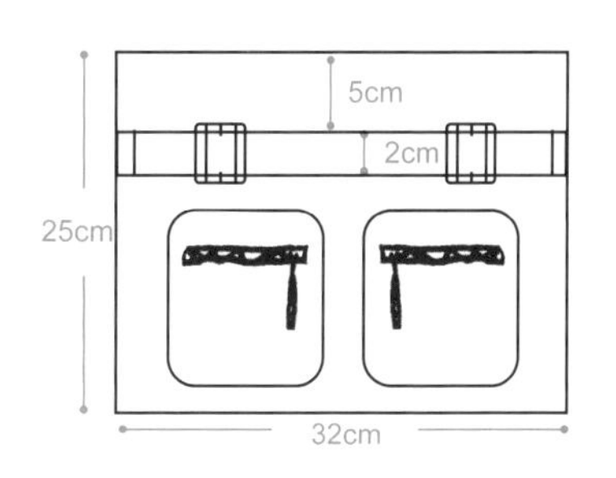

6 袋身拉鍊邊條作法：共 2 條

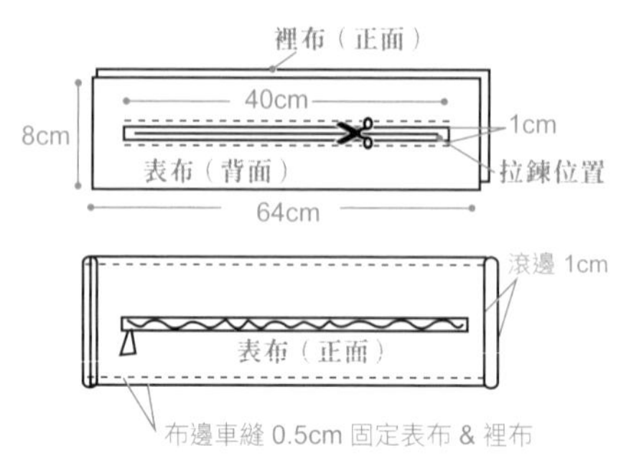

7 袋身側邊條：共 2 條，表布與裡布四周車縫 0.5cm 固定，兩邊包邊 1cm。

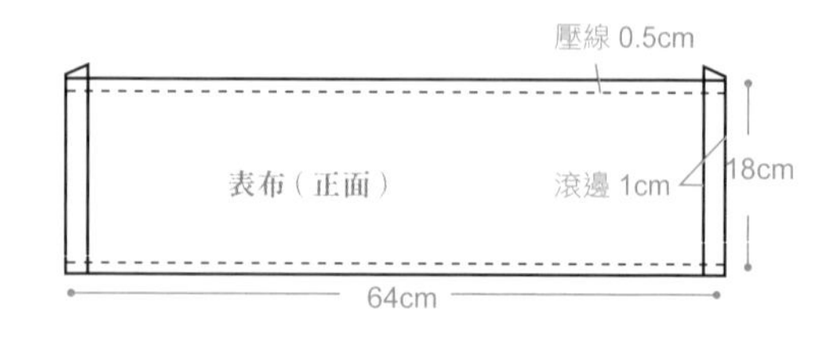

8 拉鍊邊條 & 側邊條接合成一圈。

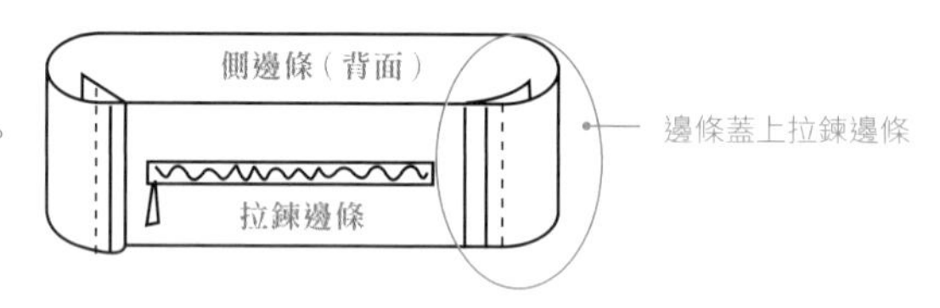

9 將表布前袋身依紙型修好，再接邊條（表布對表布車合，縫份 1cm）。

10 裡布前袋身接合邊條的另一布邊（裡袋與邊條裡布車合，縫份 1cm，車一圈後，縫份倒向袋身（裡袋身 B 壓線 0.5cm 一圈）。

11 裡袋身 A 縫份以熨斗燙好（縫份 1cm，倒向袋身內），再以藏針縫固定於表布前袋身背面。

12 表布後袋身的作法與表布前袋身接合的方式相同。

13 前、後袋身翻回正面後，裡布袋身 B 與裡布後袋身 A 背面對背面，以珠針固定一圈，再以藏針縫方法固定縫合，即完成前袋與後袋。

14 側邊釘上皮釦，裝上側袋後即完成。

P.62

彩蝶圓舞時尚包

紙型D面

材料 ＊尺寸皆已含縫份 1cm。

- 表布（麂皮）2 色各 1.5 尺
- 裡布 4 尺
- 挺襯 3 尺（裡布）
- 配色布 1 尺（花朵布）
- 愛心皮片 1 包
- 拉鍊 20cm1 條、35cm1 條
- 提把（約 40 至 45cm）1 組
- 提把皮片 1 包（4 個）
- 前口袋袋蓋皮革 1 組
- 奇異襯半尺

裁布

表布：

- 袋身（淺色布、配色布）2 片：27cm（直）×44 cm（橫）表布 2 片
- 袋底（黑色布）1 片：14cm（直）×44 cm（橫）
- 側邊（淺色布、配色布）表布 2 片：23.5cm（直）×20 cm（橫）

袋身裝飾布：

- 黑色皮片布條：前後片共 4 條（直）24cm×5cm
- 黑色皮片布條：前後片共 4 條（橫）44cm×5cm
- 黑色皮片布條：前後片共 4 條（直）24cm×6cm

裡布：

- 袋身：裡布 1 片 52cm×44cm
- 裡袋口布：表布（黑色布）2 片 8cm×44cm
- 拉鍊口袋：裡布 1 片、薄襯 1 片 25cm×35cm
- 裡袋夾層：中央布（黑色皮片）44cm×8cm（已含縫份）
- 裡袋立體口袋：裡布 1 片、薄襯 1 片 28cm×40cm。厚襯 1 片 13cm×40cm
- 內口袋筆耳：裡布 1 片 28cm×10cm
  襯 1 片 10cm×13cm

HOW TO MAKE

1 前袋身：先製作前口袋，表布與裡布袋口處正面對正面車縫 1cm，翻回正面，袋口壓線 0.7cm，固定於前袋身上。(位置於左圖上)

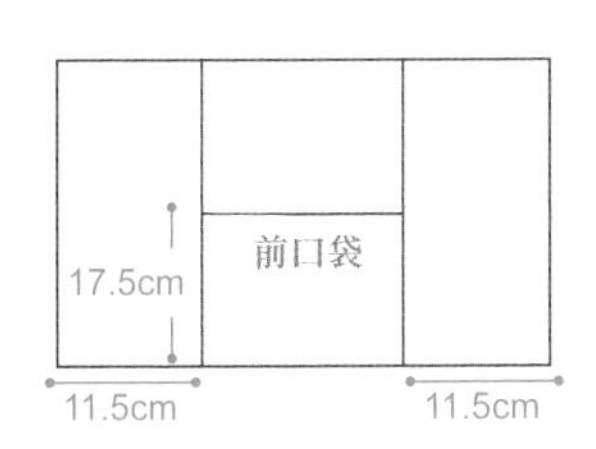

2 車上裝飾布條（先車縫中央，左右固定在上方）。

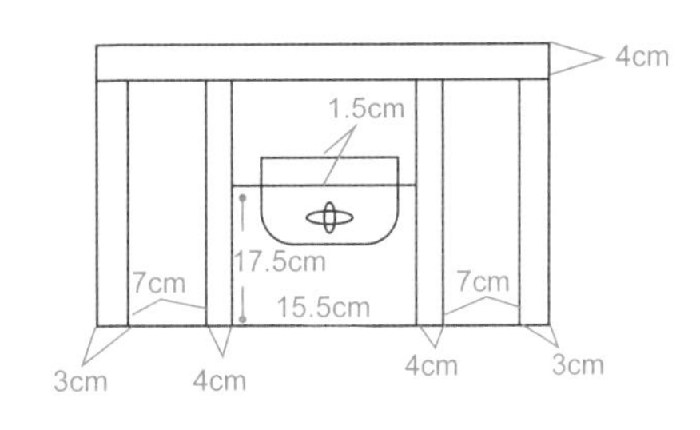

3 後袋身：先將裝飾布條固定於袋身，裝飾花朵及蝴蝶。

※ 花朵背面先燙奇異襯，翻回正面，依花的圖形剪下燙於袋身上，以曲線方式車縫固定，再縫上皮片為蝴蝶樣（依自己喜好位置固定）。

4 袋底與袋身固定之前，先燙上挺襯加強袋底。

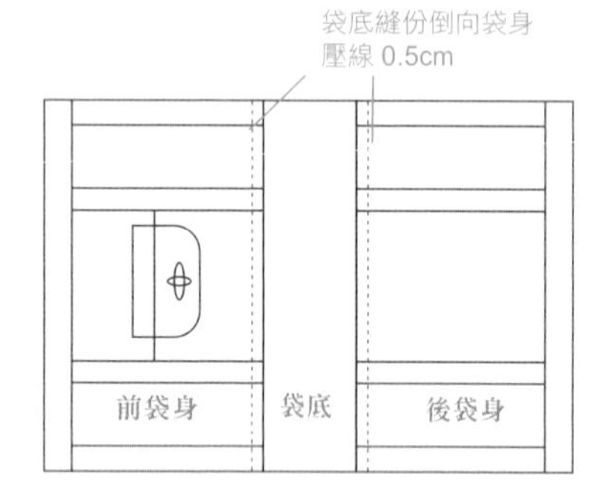

5 側邊條：由袋底中央先對齊固定，車合。

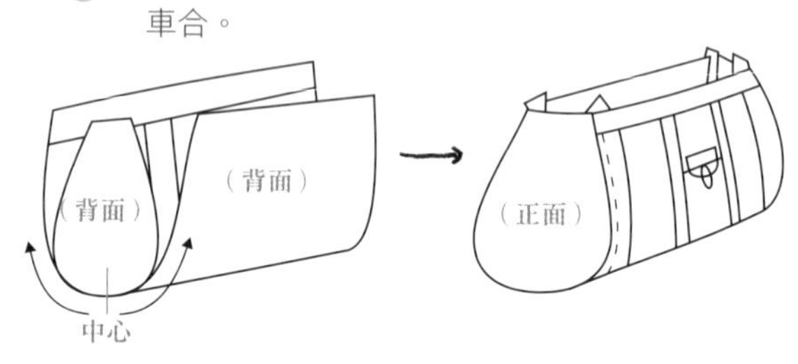

6 裡布口袋固定位置與袋口布固定位置：

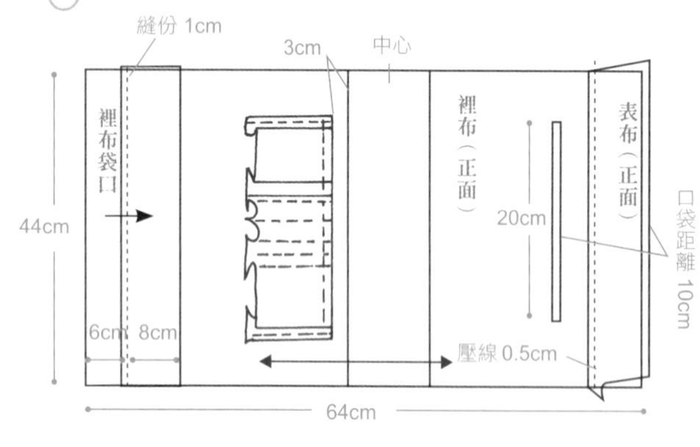

7 裡布夾層口袋作法：側邊布紙型請外加縫份 1cm。

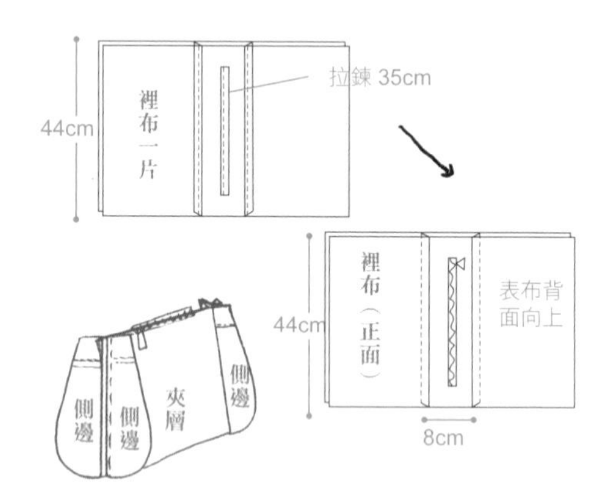

8 裡袋身與裡袋夾層組合：由袋底往左、右向上車合。（縫份：1cm。倒向側邊壓線 0.5cm）

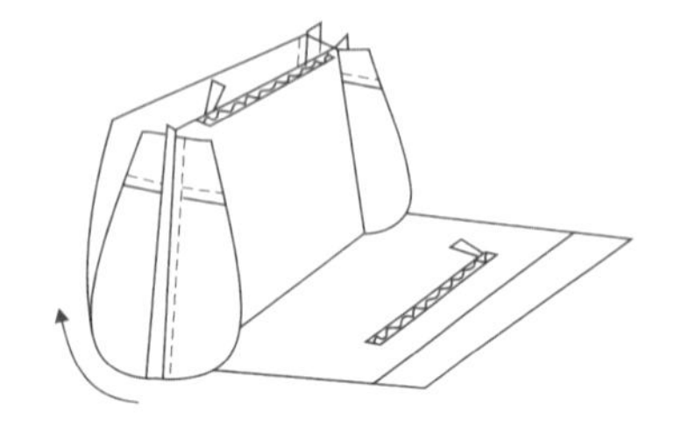

9 將裡袋放入表袋，袋口車縫 0.5cm，固定表布、裡布袋口邊。再裁包邊條 4.5cm 寬 ×100cm 長於袋口包邊（縫份 1cm），固定提把即完成。

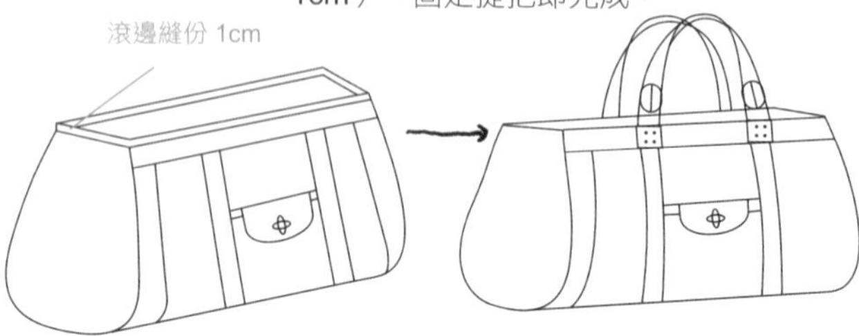

勃艮第戀曲肩背包

材料 ＊尺寸皆已含縫份 1cm。

表布：

• 袋身：32cm（直）×44cm（橫） 2 片
• 袋底：16cm（直）×35cm（橫） 1 片
• 裡袋口布：
8cm（直）×44cm（橫） 2 片
• 袋身拼接布條：9cm（直）×34cm（橫）

裡布：（燙厚布襯）

• 袋身：32cm（直）×44cm（橫） 2 片
• 袋底：16cm（直）×35cm（橫） 1 片
• 拉鍊口袋布：
35cm（直）×25cm（橫） 1 片
• 拉鍊 18cm 1 條
• 立體口袋：
28cm（直）×35cm（橫） 1 片
• 袋口滾邊：4.5cm 寬 100cm
• 葡萄包釦 2cm、2.5cm 共 45 粒
• 葡萄葉(綠色)：8cm（直）×10cm（橫）4 片

＊其他貼布圖樣請參考紙型

紙型D面

HOW TO MAKE

將袋身拼接布條接成 2 片（前、後片），燙上棉及厚襯各 2 片。

表布製作

1 前片先將葡萄葉位置挖空，再由背面貼上葉子布，葉子輪廓以貼布縫裝飾花樣固定。

2 葡萄排列位置可依圖樣先貼合好，再以色線車縫固定。

3 藤蔓以自由壓線方式連接出整體感。

4 後片圖為牽牛花圖形，須先依圖樣貼上配色布，然後先車縫粗藤，再車花朵、葉子、細藤，依序車縫固定圖樣。

裡布製作

5 袋身口處表布

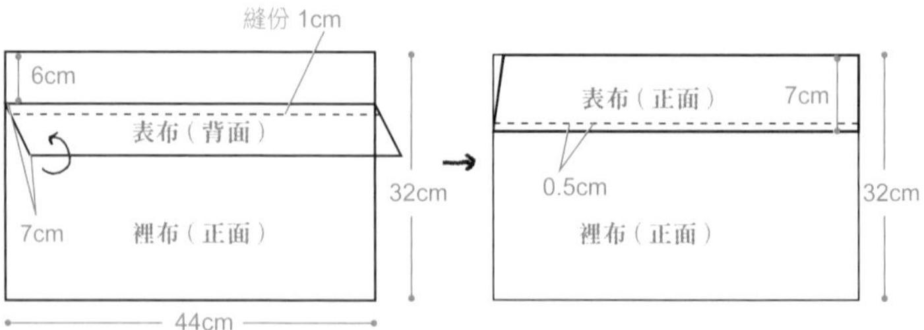

6 拉鍊口袋位置

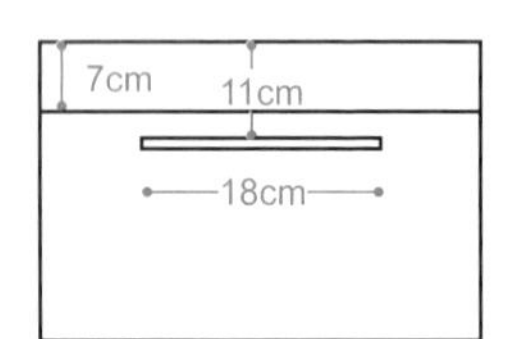

7 立體口袋位置

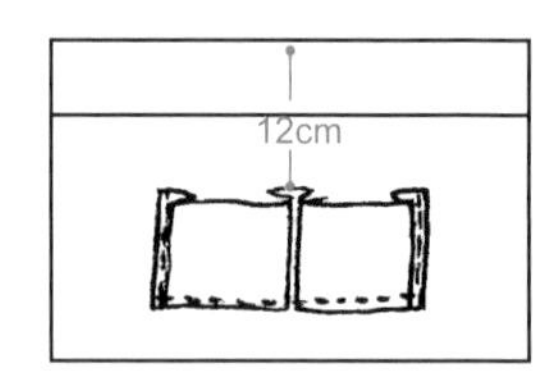

組合

8 表布前片、後片正面相對車縫 1cm，縫份倒向左、右，壓線 0.5cm 固定縫份，再與袋底車合縫份 1cm，倒向袋底壓線 0.5cm 固定縫份。

9 裡布的組合方式與表布相同。

10 再將表布、裡布、袋口布邊對齊車合 1cm，翻回正面後，接合點往上，抓褶壓線。

11 表布、裡布翻回正面後，拉成長條狀，由袋口分別往表袋、裡袋各畫出 7cm 長距，拉齊布邊壓褶 0.1cm（共 14cm 長）。

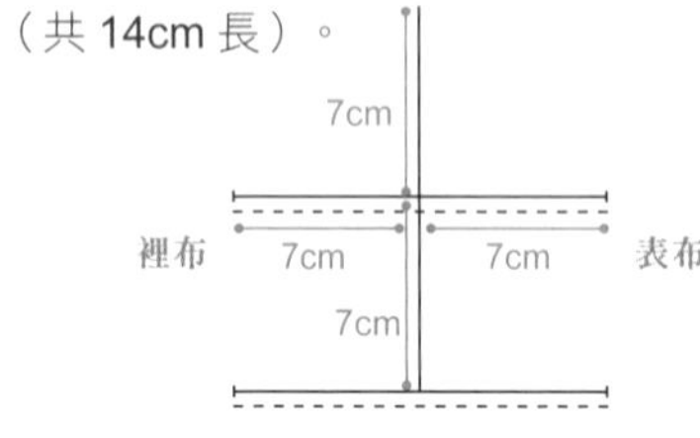

12 袋口往下 9cm 處，於袋物側邊抽褶作造型。

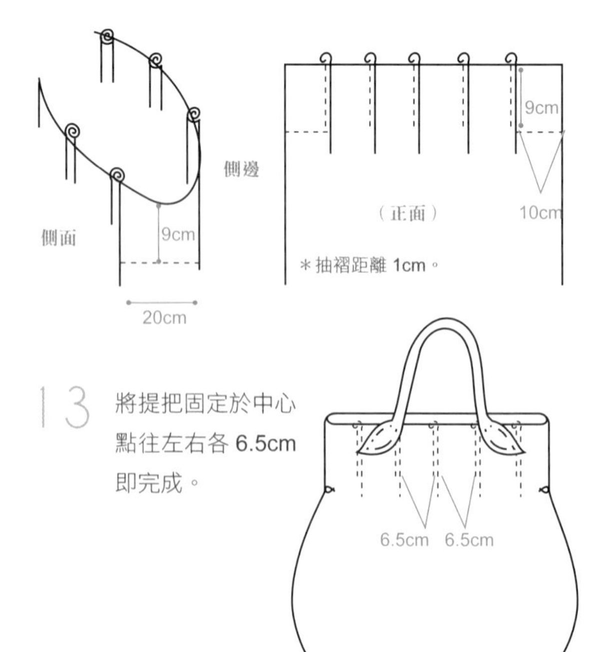

13 將提把固定於中心點往左右各 6.5cm 即完成。

維納斯的玫瑰時尚包

P.66

紙型A面

材料　＊尺寸皆已含縫份 1cm。

- 表布約 2 尺（150cm 布幅寬）
- 裡布約 5 尺（110cm 布幅寬）
- 挺襯約 6 尺（110cm 布幅寬）
- 玫瑰花配色布：三種色系各少許
- 提把 1 組（約 45cm ）
- 提把釦耳（4 個為 1 組）
- 袋蓋扣具（1 組）
- 拉鍊：35cm 1 條（前口袋）
  40cm 1 條（袋口）
  35cm 1 條（內口袋）
  20cm 1 條（內口袋）

裁布

表布：

- 前、後袋身：
  32cm（直）×37cm（橫）共 2 片
- 袋底：12cm（直）×37cm（橫）共 1 片
- 前口袋：22cm（直）×37cm（橫）共 1 片
- 後口袋：18cm（直）×37cm（橫）共 1 片
- 側邊條：32cm（直）×12cm（橫）共 2 片
- 前口袋袋蓋：
  14cm（直）×36cm（橫）共 2 片
- 口袋拉鍊邊條：
  6cm（直）×37cm（橫）共 2 片
- 裡袋身口布：
  8cm（直）×37cm（橫）共 2 片
- 側邊內袋口布：
  8cm（直）×9cm（橫）共 2 片
- 滾邊：4.5cm（直）×90cm（橫）共 1 條

裡布：

- 袋身：72cm（直）×37cm（橫）共 1 片
- 前口袋：22cm（直）×37cm（橫）共 1 片
- 後口袋：18cm（直）×37cm（橫）共 1 片
- 內裡前袋口袋：
  拉鍊口袋：40cm（直）×25cm（橫）共 1 片
- u 立體口袋：28cm（直）×45cm（橫）共 1 片
- 後袋身內口袋：上層拉鍊口袋：
  42cm（直）×37cm（橫）共 1 片
- 下層開釦眼口袋：
  48cm（直）×37cm（橫）共 1 片
- 側邊條：
  32cm（直）×12cm（橫）共 2 片

HOW TO MAKE

1 前口袋拉鍊口袋：表布 & 裡布均燙挺襯夾車拉鍊 35cm。

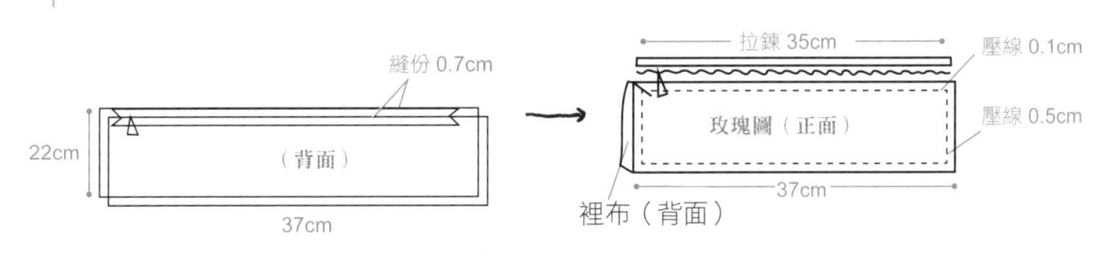

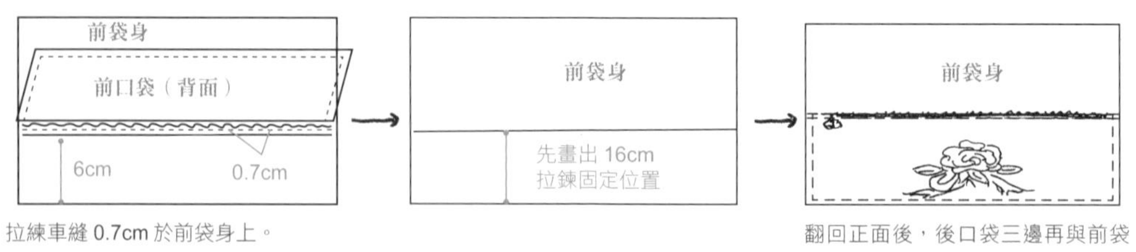

拉練車縫 0.7cm 於前袋身上。

翻回正面後，後口袋三邊再與前袋身車縫縫份 0.5cm 固定。

2 後口袋 & 袋蓋：

①袋蓋（表布 2 片）先車縫 U 型（上方布邊不車縫）。

②翻回正面後，袋蓋四周壓線 0.5cm。

3 袋底與袋身組合：

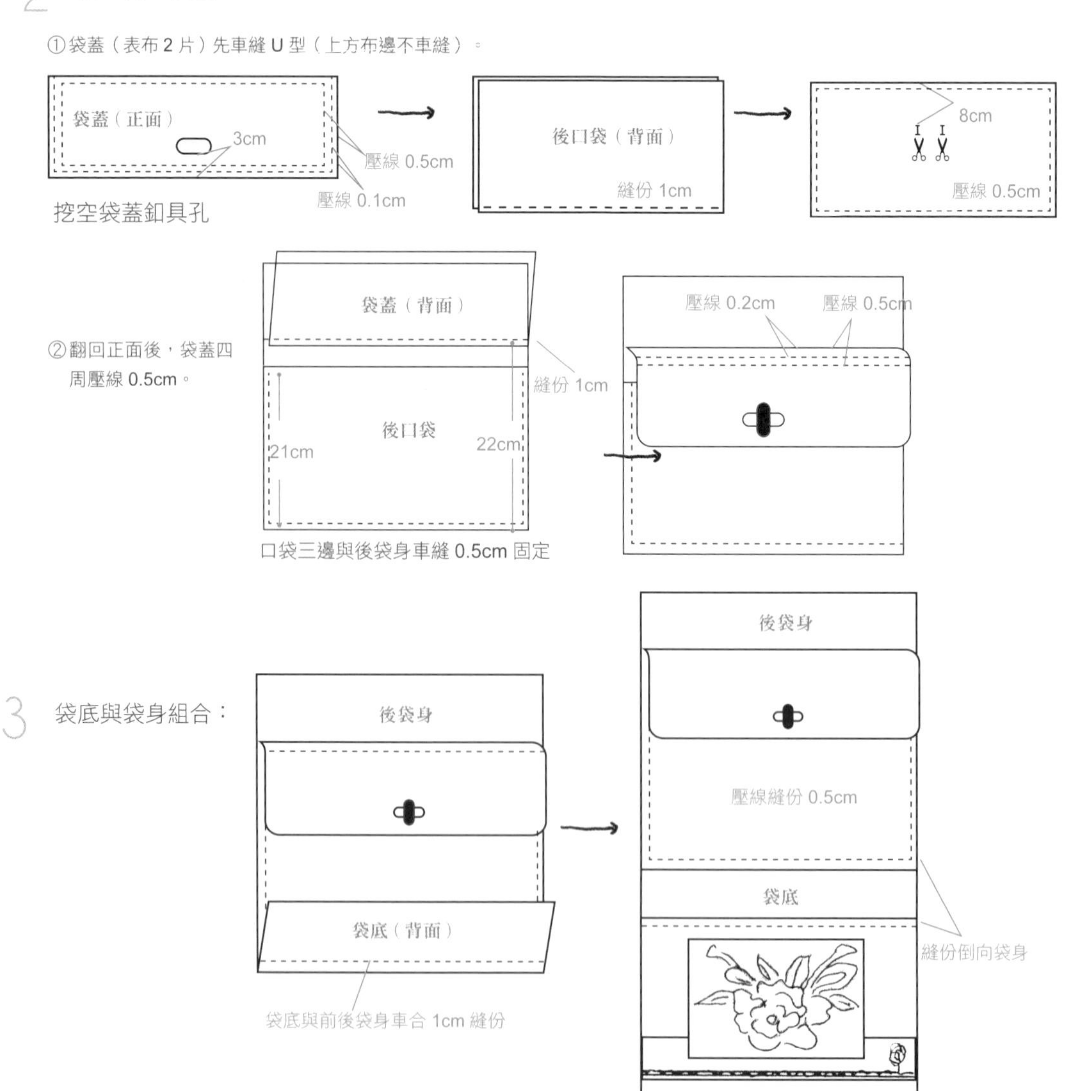

4 袋身與側邊組合：

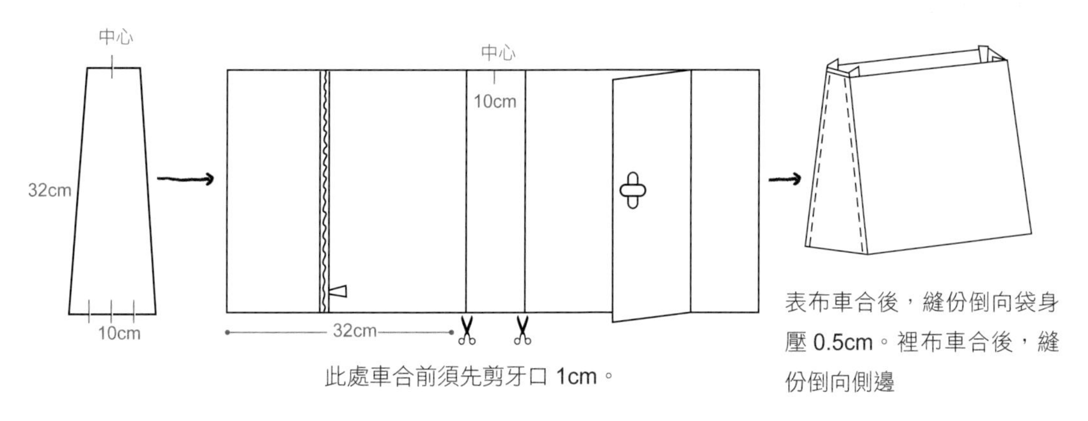

此處車合前須先剪牙口 1cm。

表布車合後，縫份倒向袋身壓 0.5cm。裡布車合後，縫份倒向側邊

5 袋口組合：

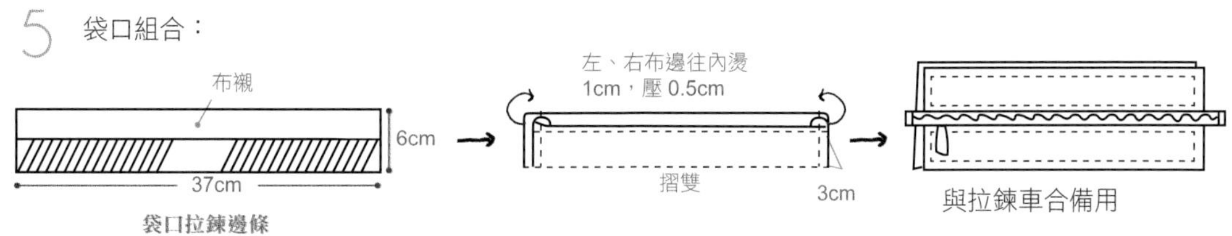

與拉鍊車合備用

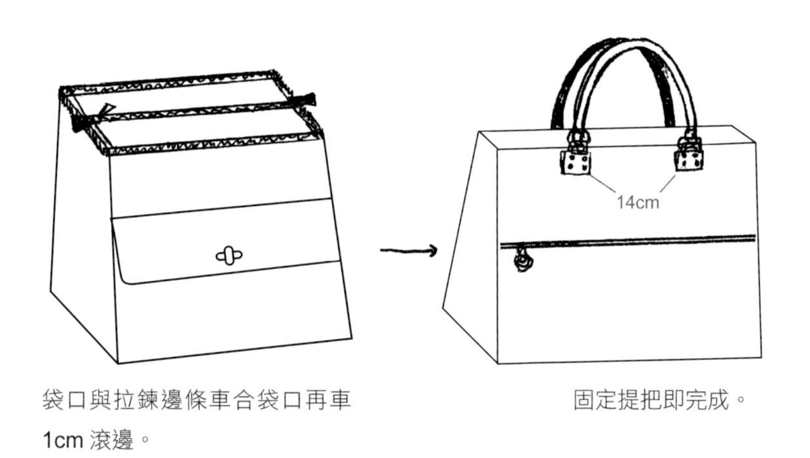

袋口與拉鍊邊條車合袋口再車 1cm 滾邊。

固定提把即完成。

KI ME KO MI 3D 立體拼布

全系列產品

不用針 不用線 只需要一個小鑽子即可完成的拼布作品

25X25cm

NS014-1 小小情人

NS012-1 生日派對

NS006 小小花園

NS010 幸福踏青

NS008 黃金比利

NS004 幸福曬晴天

35X35cm

N007 古典玫瑰

N008 花仙子

25X25cm

NT001 財神爺

NT002 觀世音菩薩

NT003 三太子

心情故事系列

7.5X7.5cm

NH001 狗狗

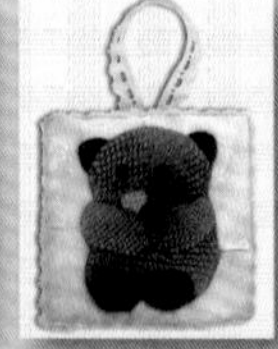

NH002 小熊

20X27cm

N001-1 玫瑰花

N003 蝴蝶玫瑰園

N004 桔梗

N005 水仙花

N006 向日葵

布同凡想
輕鬆擁有

Haori Taiwan Co.,Ltd Original Innovative and aesthetic
台灣羽織創意美學有限公司
台灣台南市710永康區和平路258巷54號
www.haori-shop.com.tw
mail:haori@haori.com.tw
TEL:06-2432965
FAX:06-2432147

羽織り
HAORI
気持ちを大切にしているあなたに
款式眾多, 詳情
可至網路上查詢喔！
滾邊條系列
潘朵拉-1
潘朵拉-3
潘朵拉-4
潘朵拉系列
DY1304-1
DY1304-5
DY1304-6
DY1306-2
DY1306-3
DY1306-8
先染布系列
米洛系列-9
米洛系列-5
米洛系列-10
米洛系列
精緻盒系列
布同凡想
輕鬆擁有
Haori Taiwan Co.,Ltd Original Innovative and aesthetic
台灣羽織創意美學有限公司
台灣台南市710永康區和平路258巷54號
www.haori.com.tw
TEL:06-2432965
E-mail:haori@haori.com.tw
FAX:06-2432147

Fun手作 84

設計師の私房手作布包

拼布包也能這麼作！

動物 × 女孩 × 花朵 × 仿皮
4 大超人氣主題一次收錄！

作　　者／台灣羽織創意美學有限公司
作品設計・作法校對／周秀惠・侯玥嬌・聞其珍・蔡梅珍
發 行 人／詹慶和
總 編 輯／蔡麗玲
執行編輯／黃璟安
編　　輯／林昱彤・蔡毓玲・詹凱雲・劉蕙寧・陳姿伶
執行美編／李盈儀
美術編輯／陳麗娜・周盈汝
作法繪圖／周秀惠（P.78 － P.93）・五月（P.94 － P.117）・侯玥嬌（P.118 － P.129）
作法攝影／蔡梅珍（P.72 － P.73）・侯玥嬌（P.74 － P.75）・周秀惠（P.76 － P.77）
情境攝影／數位美學　賴光煜
出 版 者／雅書堂文化事業有限公司
發 行 者／雅書堂文化事業有限公司
郵政劃撥帳號／ 18225950
戶　　名／雅書堂文化事業有限公司
地　　址／新北市板橋區板新路 206 號 3 樓
電　　話／ (02)8952-4078
傳　　真／ (02)8952-4084
網　　址／ www.elegantbooks.com.tw
電子信箱／ elegant.books@msa.hinet.net

2013 年 12 月初版一刷　定價 450 元

總經銷／朝日文化事業有限公司
進退貨地址／新北市中和區橋安街 15 巷 1 號 7 樓
電話／（02）2249-7714
傳真／（02）2249-8715
星馬地區總代理：諾文文化事業私人有限公司
新加坡／ Novum Organum Publishing House (Pte) Ltd.
20 Old Toh Tuck Road, Singapore 597655.
TEL：65-6462-6141　FAX：65-6469-4043
馬來西亞／ Novum Organum Publishing House (M) Sdn. Bhd.
No. 8, Jalan 7/118B, Desa Tun Razak, 56000 Kuala Lumpur, Malaysia
TEL：603-9179-6333　FAX：603-9179-6060

國家圖書館出版品預行編目資料

拼布包也能這麼作！設計師の私房手作布包：動物 x 女孩 x 花朵 x 仿皮四大超人氣主題一次收錄！/ 台灣羽織創意美學有限公司著 . -- 初版 . -- 新北市：雅書堂文化 , 2013.12
面；　公分 . -- (Fun 手作；84)
ISBN 978-986-302-140-7(平裝)
1. 拼布藝術 2. 手提袋
426.7　　102020165